全国高等职业教育"十二五"计算机类专业

PHP+MySQL
项目开发实例教程

编　著　毛书朋　赵景秀　聂庆鹏
　　　　闫振福　韩军峰
主　审　李宏业

中国电力出版社
CHINA ELECTRIC POWER PRESS

内 容 提 要

本书以真实的项目案例（多用户博客）的开发过程贯穿整本教材，即功能分析、环境搭建、数据库设计、功能代码编写、系统进一步完善和系统测试，其中根据动态网站代码编写的特点，代码编写部分分为 PHP 基础、PHP 操作数据库、数据传递与文件上传、用户登录和身份验证等部分。本书真实的项目案例（多用户博客）以制作好的静态网页为案例基础，通过每个子项目的学习完成相应的任务，循环渐进，步步为营，最终实现进行功能分析的多用户博客系统的所有功能。每个子项目均包含情景设置、知识链接、知识讲解、独立探索、项目确定、协作学习、学习评价七个部分，使每个子项目任务明确、知识清晰、探索有趣、评价明晰。

本书可作为高职院校计算机相关专业的教材，同时也可以作为 PHP 爱好者的入门教材。

图书在版编目（CIP）数据

PHP+MySQL 项目开发实例教程 / 毛书朋等编著. —北京：中国电力出版社，2014.8（2020.9重印）

全国高等职业教育"十二五"计算机类专业规划教材

ISBN 978-7-5123-6121-8

Ⅰ. ①P… Ⅱ. ①毛… Ⅲ. ①PHP 语言－程序设计－高等职业教育－教材②关系数据库系统－高等职业教育－教材

Ⅳ. ①TP312②TP311.138

中国版本图书馆 CIP 数据核字（2014）第 144779 号

中国电力出版社出版、发行

（北京市东城区北京站西街 19 号 100005 http://www.cepp.sgcc.com.cn）

北京九天鸿程印刷有限责任公司

各地新华书店经售

*

2014 年 8 月第一版   2020 年 9 月北京第四次印刷

787 毫米×1092 毫米 16 开本 13.75 印张 332 千字

定价 40.00 元

前　言

作为开源语言的 PHP 早已成为最为流行的 Web 开发语言之一。它在国内的发展更是迅速，几乎所有的虚拟主机和大部分服务器都支持 PHP。PHP 作为功能强大的 Web 编程语言，以其简单易学、安全性高和跨平台等诸多特性越来越受到广大 Web 开发者的关注和喜爱。

现在，越来越多的人开始关注 PHP、学习 PHP、使用 PHP。PHP 的相关教材也越来越多，但是针对高职学生，以项目为驱动，兼顾知识点的学习和项目案例开发的教材还很少。很多 PHP 初学者都苦于找不到一本讲解通俗易懂、简单实用，同时又能掌握项目开发流程的 PHP 入门教材。笔者最近几年都在使用 PHP，积累了丰富的经验，并希望在此基础上编写本教程，引导初学者快速入门。我们组织了多名有丰富开发经验的人员共同编写了这本《PHP+MySQL 项目开发实例教程》。希望这本书可以帮助那些喜爱 PHP 的朋友快速走上学习 PHP 的捷径。

本书共分九个子项目，根据真正项目开发的过程循序渐进地讲解了 PHP 相关的知识点，并给出相关的子项目的任务，包括功能分析与设计、开发环境的选择与搭建、数据库的设计与创建、嵌入 PHP 和 PHP 基础、PHP 操作数据库、数据传递与文件上传、用户登录与身份验证、系统的进一步完善和系统测试等。本书以多用户博客为项目案例，并给出完成前和完成后的两套代码，完成前为 HTML 代码，也就是需要下发给学生的代码，让学生通过九个子项目的学习，最终做成完成后代码的效果。每个子项目中知识点讲解中的源代码我们也一并给出。

本书总结了编者十余年来学习和使用 PHP 的经验心得，内容选取上以实用性为原则，做到不求面广，但求实用。本书突出项目教学和案例教学，避免空洞的描述，每个子项目均包含情景设置、知识链接、知识讲解、独立探索、项目确定、协作学习和学习评价等部分，且各个子项目间相互关联、环环相扣。

本书的文字和项目程序源代码的编写由日照职业技术学院电子信息工程学院的毛书朋、聂庆鹏、闫振福和曲阜师范大学的赵景秀、韩军峰等老师共同完成。全书最后由毛书朋统稿。

本书的教材代码和课件请登录 http://www.17php.com 下载。

本书在编写时力求完美、准确，但是限于作者水平和编写时间，书中不足之处在所难免，敬请各位同行和广大读者批评指正。

编　者

2014 年 4 月

目　　录

子项目一 功能分析与设计

1.1 情 景 设 置

博客，又译为网络日志、部落格或部落阁等，是一种通常由个人管理、不定期张贴新文章的网站。博客上的文章通常根据张贴时间，以倒序方式由新到旧排列。许多博客专注在特定的课题上提供评论或新闻，也有不少博客实则个人的日记。一个典型的博客结合了文字、图像、其他博客或网站的链接及其他与主题相关的媒体，能够让读者以互动的方式留下意见，是许多博客的重要要素。大部分的博客内容以文字为主，但仍有一些博客专注在艺术、摄影、视频、音乐、播客等各种主题。博客是社会媒体网络的一部分。

现在网络上使用比较广泛的博客系统有：新浪博客、网易博客、腾讯博客。在网上注册一个博客账户，研究其具有的功能，并设计出如果让自己开发一个简易的多用户博客系统应该具备哪些功能。

1.2 知 识 链 接

（1）需求获取和分析的方法；
（2）通过需求分析进行功能设计的能力。

1.3 知 识 讲 解

为了方便读者对本项目有个非常直观的认识，便于需求获取、分析及功能的设计。现将已经制作好的多用户博客系统简单演示一下，并放置于公网让读者进行注册、使用、分析。

1.3.1 系统安装

运行根目录下的 install.php 文件，其效果如图 1-1 所示。

安装步骤如下：

（1）创建系统数据 blog_db，提示信息为："库数据库创建成功！"。

（2）在数据库"blog_db"中，创建"manage_info"数据表，提示信息为："创建表：manage_info 成功！"。

（3）在数据库"blog_db"中，创建"user_info"数据表，提示信息为："创建表：user_info 成功！"。

（4）在数据库"blog_db"中，创建"blog_type_info"数据表，提示信息为："创建表：blog_type_info

1

图 1-1　程序 "install.php" 成功运行的效果

（5）在数据库 "blog_db" 中，创建 "blog_info" 数据表，提示信息为："创建表：blog_info 成功！"。

（6）在数据库 "blog_db" 中，创建 "blog_comm_info" 数据表，提示信息为："创建表：blog_comm_info 成功！"。

（7）在数据库 "blog_db" 中，创建 "pic_info" 数据表，提示信息为："创建表：pic_info 成功！"。

（8）初始化管理员用户名和密码：admin，admin，并给出提示信息。

（9）系统安装完成，给出提示信息："OK!"。

1.3.2　用户注册

运行完安装程序后，就可以访问本系统的首页，如图 1-2 所示。

图 1-2　多用户博客系统首页的运行效果

备注：如已经设置了默认文档为 index.php，则只需要访问 http://localhost/blog/，若没有设置 index.php 为默认文档，则需要访问：http://localhost/blog/index.php。建议设置 index.php 为默认文档。

如图 1-2 所示，单击 "注册" 超级链接，进入用户注册界面，如图 1-3（a）所示。

如图 1-3（a）所示正确填写表单信息，会弹出 "注册成功！" 的对话框，如图 1-3（b）所示。单击对话框的确定按钮，页面重新跳转到本系统的首页，即图 1-2 所示的界面。单击 "登录" 超级链接，进入用户登录界面，如图 1-4（a）所示。

在图 1-4（a）中填写登录表单的内容，若正确，先弹出如图 1-4（b）所示的登录成功的对话框，单击 "确定" 按钮后进入注册用户后台管理首页，如图 1-5 所示；反之，会弹出如图 1-4（c）所示的 "用户名或密码错误！" 的对话框，单击 "确定" 按钮后再次进入用户登录页面，如图 1-4 所示。

（a）

（b）

图 1-3 多用户博客的注册页面

（a）注册页面运行效果；（b）"注册成功"对话框

（a）

（b）

（c）

图 1-4 多用户博客用户登录页面

（a）登录页面运行效果；（b）"登录成功"对话框；（c）"用户名或密码错误"对话框

如图 1-5 所示，右侧的菜单列出了注册用户具有的所有功能。

图 1-5 注册用户后台管理首页的运行效果

依次单击图 1-5 右侧的各管理菜单项，我们可以浏览其所具有的功能。

常规设置：主要负责设置自己博客页面的上边距、下边距、网页背景颜色、网站头名称和版权信息等内容。设置完成后，单击"提交"按钮后即可生效。

友情链接管理：主要负责自己博客中相关友情链接的添加、修改和删除等管理功能。其中要管理的友情链接的内容包含"显示名称"和"链接网址"两项内容。

图片管理：主要负责上传、删除顶部 banner 和博主头像关联的图片，并可以设定显示状态——"显示"或"隐藏"。

博主的话：主要负责添加、修改博客的话等相关信息。

日志分类：主要负责自己博客分类信息的添加、编辑和删除等管理功能。其中要管理的日志分类的内容包含"日志类型"和"显示序号"两项内容。

日志添加：主要负责为已经添加的某个日志分类添加具体的日志信息，包含"日志类型"、"日志标题"和"日志内容"三项内容。

日志管理：日志管理其下列表显示已经添加的日志类型名称，单击某个具体的日志分类名称，其左侧分页列表显示该日志类型中已经添加的所有日志的标题信息，并可以进行编辑和删除，单击"编辑"链接可以进入日志详细内容的编辑页面，单击"删除"链接可以删除对应的日志信息。

安全设置：主要负责修改自己登录的密码信息。

其主要的操作界面如图 1-6 所示。

1.3.3 超管用户

在浏览器地址栏中输入超级管理用户登录地址（http://localhost/blog/login_super.php），出现超级管理用户登录界面，如图 1-7（a）所示。

图 1-6 注册用户后台管理的主要操作界面

图 1-7 超级管理员登录页面

（a）登录页面运行效果；（b）"登录成功"对话框

5

在图 1-7（a）中正确填写登录表单信息（用户名：admin；口令：admin），弹出图 1-7（b）所示的"登录成功"对话框，单击"确定"按钮，进入超级管理员管理界面，如图 1-8 所示。

超级管理员的管理功能有：注册用户管理、博文统计、安全设置、注销四项。

注册用户管理员：分页列表显示所有注册的用户信息，如登录用户名、昵称、真实姓名、学号、注册时间、最后登录时间、显示状态等，并可以进行更改用户的显示状态、删除用户等操作，如图 1-8 所示。

博文统计：分页列表显示所有注册用户的基本信息，并统计出其博文的分类数、博文总数量以及最后的发布时间等信息，如图 1-9 所示。

安全设置：设置自己的登录密码。

注销：退出超级管理员的后台管理界面。

图 1-8　注册用户管理页面运行效果

图 1-9　博文统计页面运行效果

1.3.4　浏览用户

有用户注册后，图 1-10（a）中就会按注册的先后顺序列出注册用户，可以单击用户的头像或博主的昵称进入其博客首页，也可以在图 1-10（a）中输入用户名进行搜索，如果用户存在就直接跳转到其博客首页。

（a）

（b）

图 1-10　注册用户的博客首页

（a）多用户博客系统首页的运行效果；（b）博客首页运行效果

如图 1-10 所示，可以单击日历中某天的超级链接，进入按哪天查看注册用户的日志。也可以单击日志分类中的某一类，按日志分类来查看注册用的日志，也可以针对博主的某篇日志进行评论。其显示界面相差不多，这儿就不再一一给出。

1.4　独　立　探　索

探索问题：通过 1.3 节的演示，分析本项目共分为几种类型的用户，各自的功能是什么？

并用图表的形式表现出来。

1.5 项 目 确 定

根据 1.4 节中确定的用户及其功能，详细设计出用户注册流程、浏览用户流程及超级管理用户管理流程。

1.6 协 作 学 习

分组讨论 1.5 中确定的项目，写出讨论的结果。若还讨论了其他问题，请写出题目及讨论的结果。

1.7 学习评价

分数：＿＿＿＿＿＿

学习评价共分为三部分：自我评价、同学评价、教师评价，分值分别为：30、30、40 分。

评价项目	分数	评 价 内 容
自我评价		
同学评价		签名：＿＿＿＿＿＿＿＿
教师评价		签名：＿＿＿＿＿＿＿＿

子项目二　开发环境的选择与搭建

2.1　情　景　设　置

在子项目一中，我们分析了多用户博客系统的用户、功能及较为详细的功能流程。那么，我们要选择怎样的开发环境，又如何去搭建具体的开发环境呢？

我们要选择的开发环境是 WIMP（Windows+IIS+MySQL+PHP）、WAMP（Windows+Apache+MySQL+PHP）或 LAMP（Linux+Apache+MySQL+PHP）组合，总之核心编程语言和数据库平台为 PHP+MySQL。

2.2　知　识　链　接

（1）什么是 PHP？
（2）PHP 可以做什么？
（3）PHP 有哪些特性？
（4）PHP 常用的开发工具有哪些？
（5）PHP 的运行原理；
（6）PHP 安装前的准备;；
（7）在 Windows 7 下 PHP 的安装与配置；
（8）MySQL 的安装与初始化设置。

2.3　知　识　讲　解

2.3.1　什么是 PHP

2.3.1.1　PHP 的概念

PHP 究竟是什么？如果追根溯源，它是一个名称 Personal HomePage：Hypertext Preprocessor（个人主页：超文本预处理器）的缩写。当然，这是一个老旧的称呼，它已远不能反映今天 PHP 的真实能力。PHP 如今已经不仅仅是一个可以用在个人主页上的服务器端脚本语言，而已经成长为一门极为流行、深受 Web 程序员喜爱的、风靡全球的 Web 程序设计语言。它是开源、免费和跨平台的，而且具有高效、简单和安全等特点。Web 开发者能够快速地掌握 PHP 并写出功能强大的服务器端脚本。

2.3.1.2　PHP 的发展历史

PHP 的创建者是 Rasmus Lerdorf。最初 PHP 只是一个用 Perl 语言编写的小程序，名字叫 PHP/FI，用于计算网页访问量。后来，Rasmus 又用 C 语言重新编写，增加了数据库访问功能。Rasmus 免费发布了这个程序的源代码，使得全世界的人都可以免费使用，甚至对其修改、完善。直到今天，PHP 仍然是开源软件领域的成功典范之一。

1997 年，发现了另外两个对 PHP 有突出贡献的重要人物——Andi Gutmans 和 Zeev Suraski，他们针对 PHP/FI 存在的不足进行了重写，经过 9 个月的测试，1998 年 6 月，Andi、Rasmus 和 Zeev 联合发布了 PHP 历史上重要的 3.0 版本，这在 PHP 发展过程中有着里程碑的意义。PHP 3.0 一经推出就大受欢迎，在 PHP 3.0 的顶峰时期，Internet 上 10% 的 Web 服务器上都安装了它。

此后，PHP 快速发展，并在全世界广泛流行起来。PHP 官方又先后发布了 PHP 4.0、PHP 5.0 两个版本，每个版本都有较大的改善和提升，使得 PHP 逐渐成为一门成熟、稳定、可靠、高效、安全的 Web 编程语言，得到了越来越多 Web 程序员的喜爱。如今，PHP 已经与流行的 ASP、JSP、ASP.NET 等并列成为使用广泛的 Web 编程语言之一。

PHP 在 Web 编程中属于后起之秀，也没有大的商业公司作后盾，因此其发展初期并不为国内网站开发人员所重视。最先进入中国的是 PHP 3.0 版本，在相当长的一段时间内，PHP 在国内使用率很低。但是最近几年，随着 Internet 在中国的迅猛发展，学习网站开发技术的人越来越多，PHP 以其易学、高效、安全、免费、跨平台等一系列重要优势迅速脱颖而出，吸引了大量的学习者。很多高校已经开设 PHP 课程，各服务器提供商也纷纷提供 PHP 支持。现在浏览国内网站不难发现，PHP 的踪迹无处不在，很多大网站都是采用 PHP 架构。

PHP 目前的最新版本是 PHP 6.0，但它仍处在开发阶段。本书仍采用目前比较稳定的 PHP 5.X 进行介绍。如果想获得更多更新的 PHP 相关资料，可以浏览 PHP 官方网站 http://www.php.net，也可以登录编者的网站 http://www.17php.com 进行讨论。

2.3.1.3　PHP 的应用前景

PHP 的应用前景十分广阔，PHP 几乎可以胜任目前所有流行的 B/S 网络应用程序开发任务。从一般的网站新闻程序、留言本、用户注册与登录、投票调查、计数器、网上登记、网上查询到大型论坛程序、大型网上电子商务平台、网上办公系统、信息管理系统（IMS/CMS）等。

最近几年，各类新的网络技术的兴起也大大丰富了 PHP 的能力。带动了 PHP 相关技术的发展，从而进一步开辟了 PHP 的应用领域，如模板技术（Template）、网页异步通信（Ajax）等在 PHP 中都得到了应用。

2.3.2　PHP 可以做什么

PHP 脚本主要用于以下三个领域。

（1）服务端脚本。服务端脚本是 PHP 最传统也是最主要的目标领域。所谓服务器端脚本是指运行在服务器端的网页程序。Web 服务器每次接收到访问请求后，执行（或解释）此程序，将程序的运行结果发送到客户端浏览器，而不是传统的 HTML 静态网页中的不经处理直接发送。这种方法可以突破 HTML 标记性语言的局限性，为网页加入可以实现功能动态化的程序。网页中的数据来源可以是普通文件，也可以是数据库。要使用 PHP 进行服务器端脚本开发，只需要将自己的电脑配置成为一台支持 PHP 的 Web 服务器即可。后面的章节中将会详细地介绍 PHP 开发环境配置的方法。

（2）命令行脚本。可以编写一段 PHP 脚本，而不需要任何服务器或者浏览器来运行它。通过这种方式，只需要用 PHP 解析器来执行。这种用法对于依赖 cron（UNIX 或者 Linux 环境）或者 Task Scheduler（Windows 环境）的日常运行脚本来说是理想的选择。这些脚本也可以用来处理简单的文本。

（3）桌面应用程序。对于有着图形界面的桌面应用程序来说，PHP 或许不是一种最好的语言，但是如果用户非常精通 PHP，并且希望在客户端应用程序中使用 PHP 的一些高级特性，可以利用 PHP-GTK 来编写这些程序。还可以采用这种方法编写跨平台的应用程序。

总之，有了 PHP，我们可以轻松地进行 Web 开发，如制作动态网站、新闻系统、留言板、论坛 bbs、聊天室、博客等；实现对文件及文件夹的操作；进行电子商务的开发、数据的加密；与数据库相关联，处理大批量的数据等。我们将在以后的章节中详细介绍 PHP 的功能。

2.3.3　PHP 有哪些特性

2.3.3.1　PHP 的特点

PHP 作为一门 Web 开发语言，具有区别于其他语言的诸多特点。本节重点探讨 PHP 语言的特点。PHP 自产生以来一直都在发展中应用，在应用中发展，这是因为 PHP 不仅有着其他同类脚本所共有的功能，而且更有它自身的特点。它的主要特点如下：

（1）完全免费。使用 PHP 进行 Web 开发无需支付任何的费用。

（2）代码完全开放。PHP 是开放源代码的，这就意味着所有的 PHP 程序代码都可以免费地使用、交流。

（3）语法结构简单。PHP 大量结合了 C 语言的特色，同时又集成了当前流行的面向对象的编程理念，坚持以基础语言开发程序，编写方便易懂。对于以前接触过 C 语言的用户来说，只需要了解 PHP 的基本语法，再掌握些 PHP 独有的函数，就可以轻松踏上 PHP 程序设计之旅。与同类语言如 JSP（JAVA）、ASP.NET（C#）相比，PHP 具有明显的简易优势。

（4）功能强大。在前面的章节中已经介绍过 PHP 的强大功能，这里不再赘述。

（5）强大的数据库支持。PHP 几乎支持所有的主流数据库，如常用的 MySQL、SQL Server、Oracle 等。

（6）代码执行效率高。与其他 CGI 比较，PHP 消耗更少的系统资源，尤其当 PHP 作为 Apache 服务器的内嵌模块运行时，服务器除了承担脚本解释负荷外，无须承担其他额外操作。

（7）安全性高。作为 Web 开发语言，安全性是一项不可或缺的重要指标。因为 PHP 本身是开源的，这就使得全世界的人都可以对代码进行研究，进而尽可能多的发现存在的问题和错误，并及时修正。PHP 是公认的具备高安全性的语言，迄今尚未发现可以造成重大破坏的安全漏洞。

2.3.3.2　PHP 与其他 CGI 的比较

很多网站开发的初学者都会问同一个问题：Web 开发中哪门语言最好？我应该去学习哪一门语言？其实这个问题很难回答。每种语言都有其自身的特点和优势，相比之下也各有劣势。下面把目前较为流行的几种 Web 开发语言（技术）的各个指标进行一个类比，如表 2-1 所示，使读者有一个直观的比较和认识。

表 2-1   几种 **Web** 开发语言（技术）的比较

指标 ╲ 开发语言	PHP	ASP	CGI	JSP	ASP.NET	ISAPI
操作系统	均可	Win32	均可	均可	Win32	Win32
Web 服务器	多种	IIS	均可	数种	IIS	IIS
执行效率	快	快	慢	很快	很快	很快
稳定性	佳	中等	高	佳	佳	差
开发时间	短	短	中等	较长	中等	长
程序语言	PHP	VB	多种	Java	C#	C/Delphi
网页结合	佳	佳	差	差	中	差
学习门槛	低	低	高	高	高	高
函数支持	多	少	不定	多	多	少
系统安全	佳	差	佳	佳	佳	尚可

必须说明的是，表 2-1 的数据并不是笔者通过实测总结出来的，实际上要对一种语言的各种性能进行具体的实测很复杂，而且相当困难。然而尽管没有经过实测，结合笔者的使用经历，其他资料中的观点，以及目前业内比较广泛的共识，仍然可以给出一个大体的评估。

2.3.4 PHP 常用开发工具

编写 PHP 代码的工具很多，常用的网页编辑器有 FrontPage、Dreamweaver，常用的文本编辑器有 UltraEdit，甚至用 Windows 自带的记事本都可以进行书写源代码。当然，还有专门的 PHP 开发工具，如 Editplus、Dev-PHP、PHPCoder 等。Zend 公司也推出了一个功能强大的集成化安装环境 Zend Studio。借助这些开发工具可以使用户的开发事半功倍。下面简单介绍一下各种开发工具。

（1）EditPlus。速度快，支持多种语言的语法加亮，是个简易的编辑器。

（2）Dev-PHP。用 Delphi 开发的 Opensource 的 PHP 开发工具，较好的集成了 PHP 解析器和 PHP-GTK 库。性能和稳定性都很不错。只是在团队合作上比较薄弱，没有 SCC 和 project 的功能。但完全让用户有理由舍弃掉 EditPlus。

（3）PHPCoder。一个优秀的 PHP 开发工具，支持语法加亮、函数提示，调试功能丰富，有项目管理功能，而且此工具体积小，还有绿色免安装版本，运行速度极快。

（4）Micosoft FrontPage。FrontPage 是 MicroSoft 公司推出的 Office 系列中的一款制作网页的软件，简单易学，容易上手，有 Word 操作经验的人学起来会觉得很容易。目前最新版本为 2013，使用较广的版本是 2003。以前用 Frontpage 开发网页过程中会出现垃圾代码，相信用过的读者肯定深有体会，但 FrontPage 2003 以后这一问题得到了很大的改善。比起以前的版本，FrontPage 2003 的功能更强大、界面更友好、产生的垃圾代码更少、开发效率更高。

（5）Adobe Dreamweaver。作为名扬天下网页三剑客之一的 Dreamweaver，在网站的设计与开发上功能强大，是一款大型的、普遍认为功能在 FrontPage 之上的网页集成开发环境。Dreamweaver 支持 PHP 代码高亮显示，有一定函数提示功能。Dreamweaver 原为 Micromedia 公司的产品，后被 Adobe 公司收购。目前最新版本为 Dreamweaver CS6，其运行界面如图 2-1 所示。

（6）Zend Studio。Zend Studio 是 Zend 公司推出的 PHP 专业级开发环境。其功能强大，界面友好，集成了代码编辑、调试和加密多项功能。代码编辑部分拥有项目管理、代码高亮显示、函数提示、代码自动完成、代码整理、断点调试等一系列功能，还集成了多款数据库的可视化管理功能，是目前专业用于 PHP 开发的最好的 IDE 环境。

图 2-1　　Adobe Dreamweaver CS6 运行界面

（7）UltraEdit。UltraEdit 是一款功能强大的文本编辑器，可以编辑文字、Hex、ASCII 码，可以取代记事本，可同时编辑多个文件，而且即使开启很大的文件速度也不会慢。最新版本软件修正了老版本存在的一些漏洞，并新增了二十余项新功能，界面如图 2-2 所示。

（8）NotePad（记事本）。这是 Windows 自带的记事本，如果只需要对源代码做较少修改时可以用它。NotePad 占用内存极少，运行速度快，功能较简单。当然，随着微机硬件配备的不断提高和其他专用软件的兴起，NotePad 已慢慢淡出了我们的视线。在使用记事本编写好程序存盘的时候应注意，在文件名一栏手动输入文件名字，后缀为.php，保存类型应选择"所有文件"，如图 2-3 所示，否则会自动加上后缀名.txt，保存为文本文件，无法正常运行。

图 2-2　UltraEdit 工具界面　　　　　　　图 2-3　用记事本编写 PHP 代码并存储

当然，能开发 PHP 的工具绝非只有前面提到的几种，这里只是从每种类别的工具中选出具有代表性的来介绍。这么多的工具，肯定有一款比较适合自己，就笔者而言，可视化所见即所得的开发界面还是推荐 FrontPage 或 Dreamweaver。专业 PHP 开发工具推荐使用 Dev-PHP 或 Zend Development Environment。而对于本书的读者，如果是 PHP 的初学者，刚刚踏入 PHP 编程的大门，建议您暂时不要使用任何编辑工具，否则很容易被这些工具复杂的操作界面吓倒。本书中的绝大多数例子，代码量都比较小，完全可以直接采用 Windows 的记事本进行编写、调试。虽然这可能带来一些弊端，如缺乏语法与拼写检查、没有函数提示等，但对于初学者来说，从最基础的学起，在代码调试过程中积累经验，对最终养成良好的编程习惯，具有积极的帮助作用。

2.3.5　PHP 程序运行原理

有过网页制作或网站开发经历的读者应该知道 HTML 网页的基本运行原理，即客户端通过浏览器向服务器发出页面请求，服务器收到请求后直接将所请求的页面发回给客户端，然后客户端就能在浏览器中看到页面的显示效果。这是一个比较简单、直接的过程，只需要一台安装了 Web 服务软件的服务器就能完成。

PHP 和其他服务器端嵌入式脚本语言一样，需要首先搭建专门的服务器环境。只有配置好服务器环境，一台服务器才能运行 PHP 网站。PHP 网站和用其他语言开发的动态网站运行原理基本相同，其简要流程如图 2-4 所示。

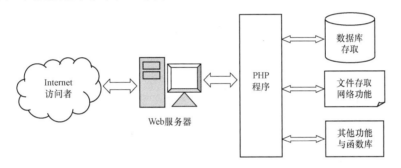

图 2-4　PHP 的运行流程图

通过图 2-4 所示的流程可以看出，PHP 程序通过 Web 服务器接收访问请求，在服务器端处理请求然后再通过 Web 服务器向客户端发送处理结果。在客户端接收到的只是程序输出的处理结果，是一些 HTML 标记，而无法直接看到 PHP 代码。这样能够很好的保证代码的保密性和程序的安全性。此外，在服务器端运行代码还可以降低对客户端的要求，客户端不需要配置 PHP 环境，只需要安装普通浏览器即可浏览 PHP 网站。

PHP 是对服务器功能的扩展，服务器上安装了 PHP，我们就可以用它来实现很多应用。接下来我们就开始介绍 PHP 服务器环境配置的方法，让你的计算机也变成一台 PHP 服务器吧！

2.3.6　PHP 安装前的准备

2.3.6.1　软、硬件环境

安装 PHP 和安装其他软件一样，都需要硬件和软件环境。对于 PHP 来说，硬件的要求非常简单，在学习阶段只要有一台普通计算机就足够了。软件方面则需要根据自己的情况进行选择，主要从操作系统、Web 服务软件两个方面来考虑。

PHP 能够运行在目前所有的主流操作系统上，包括 Linux、UNIX 及其各种变种（包括 HP-UX、Solaris 和 OpenBSD）、Microsoft Windows 系列、Mac OS X、RISC OS 等。PHP 在这些平台上的安装步骤大同小异，本书主要以 Windows 平台为例介绍 PHP 的安装和使用，同时简要介绍在 Linux 系统上的安装。因为 PHP 具有跨平台的特性，因此在 PHP 开发阶段使用什么样的操作系统并不重要，因为开发出来的程序可以很容易地移植到其他操作系统上去。

除了操作系统外，和 PHP 的安装息息相关的就是 Web 服务软件，也称 Web 服务器。PHP 可以支持大多数的 Web 服务器，包括 Apache、Microsoft Internet Information Server（IIS）、Personal web Server（PWS）、Netscape、iPlant server、Oreilly Website Pro Server、Caudium、Xitami、OmniHTTPd 等。这些 Web 服务器各有特点，目前以 Apache 和 IIS 的使用最为广泛。本章将分别介绍 PHP 在 Apache 和 IIS 上的安装方法。

综上所述，要安装 PHP，首先只有保证计算机的操作系统和 Web 服务器已经安装并能够正常工作，才可以开始 PHP 的安装。

2.3.6.2 获取 PHP 安装资源包

要安装 PHP，当然首先要获取 PHP 的安装资源包。这个资源包中包括了安装和配置 PHP 服务器的一切文件及大量 PHP 扩展函数库。PHP 安装资源包的获取有很多途径，如登录 PHP 官方网站下载，或者通过其他网站下载。因为 PHP 是免费软件，因此网上大量的软件下载站点都收录了此软件，可以通过搜索引擎搜索该软件，然后直接下载。

值得注意的是，很多网站提供的 PHP 安装资源包并不规范和全面。有些 PHP 安装软件是由第三方开发的，并没有经过 PHP 官方的认可和授权。有的安装包为了缩小体积还删掉了大部分扩展函数库，给以后的使用带来不便。因此，我们强烈建议直接去 PHP 官方网站下载 PHP 安装资源包，并用手工方法安装和配置 PHP 服务器。只有这样才能保证所使用的 PHP 完整、全面和权威。

登录 PHP 官方网站 www.php.net，如图 2-5 所示。

单击导航链接的“Downloads”打开 PHP 的下载页面，该页面列出了最新的 PHP 安装资源包，如图 2-6 所示。若下载 Windows 下的安装包，单击图 2-6 右下角的“Windows（php.net）”链接，进入如图 2-7 所示的页面，再单击“download”，进入如图 2-8 所示的页面，选择对应的版本下载即可。

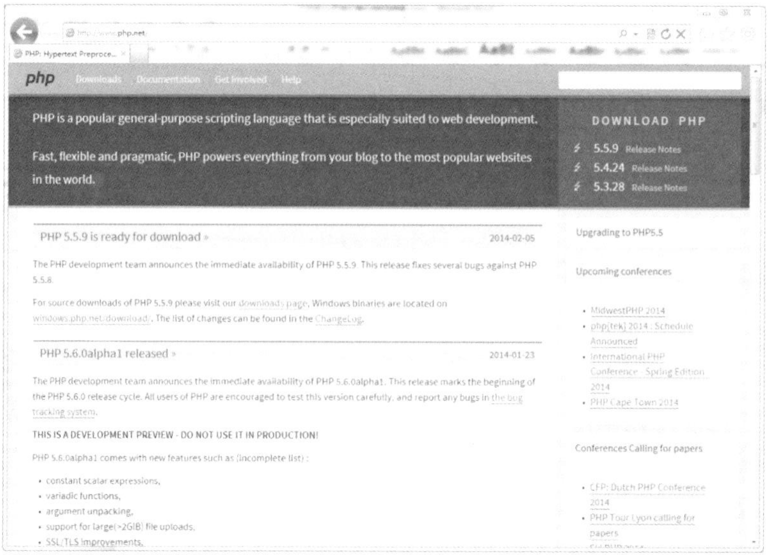

图 2-5　PHP 官方网站

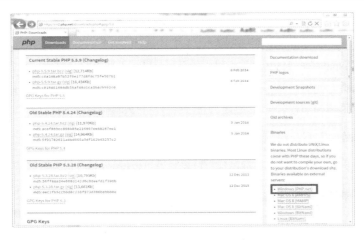

图 2-6　PHP 官方下载页面

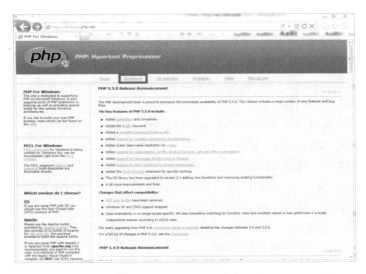

图 2-7　php.net for Windows

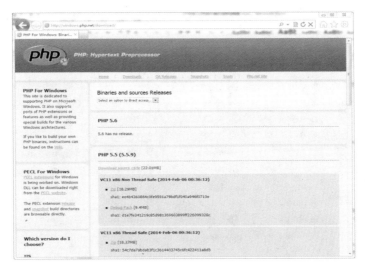

图 2-8　PHP 的 Windows 下的安装包下载

17

通过上面的步骤可以下载压缩文件 php-5.5.9-Win32-VC11-x64.zip，也可直接输入网址：
http://windows.php.net/downloads/releases/php-5.5.9-nts-Win32-VC11-x64.zip 下载。

另外还需要 Visual C++ Redistributable for Visual Studio 2012（x64）的支持，下载地址为
http://www.microsoft.com/zh-CN/download/details.aspx?id=30679，下载后安装即可。

至此，已经做好了 PHP 服务器搭建的准备工作，下面可以开始安装了。

2.3.7　Windows 7 下 PHP 的安装与配置

虽然 PHP 正常情况下运行于服务器操作系统上，而 Windows 7 不能算是服务器操作系统，但是鉴于目前 Windows 7 操作系统使用的广泛性，很多开发者乐于在 Windows 7 下做 PHP 开发，因此我们就介绍 Windows 7 下 IIS+PHP 的组合的安装配置。

第 1 步：安装 IIS。

在 Windows 7 环境下，可以采用 Windows 7 自带的服务器组件 IIS（Internet Information Server）作为 Web 服务软件。IIS 是目前使用较为广泛的 Web 服务器之一，它操作简单，使用方便，功能强大。IIS 由微软公司开发，目前也只能运行在微软公司的 Windows 系列操作系统上，包括 Windows XP、Windows Server 2003、Windows 7、Windows Server 2008 等版本。值得注意的是，在 Windows 7 Home 版下无法直接安装 IIS，因此如果要在 Windows 7 下开发 PHP，建议不要使用 Home 版。

部分版本的 Windows 操作系统如 Windows Server 2003、 Windows Server 2008 等，安装系统时默认自动安装 IIS，其他版本的则默认不安装。要检查自己的操作系统是否已经安装了 IIS，可以打开控制面板，找到"管理工具"并打开，看里面是否有"Internet 信息服务管理器"的快捷方式。如果有，则表示 IIS 已经安装，否则可能没有安装。另外一个快捷的方法是直接打开"开始"菜单的"运行"窗口，输入"inetmgr"命令，按 Enter 键运行，看是否能打开 IIS 管理界面，如果能打开，则表示已经安装了 IIS，否则说明没有安装。

下面讲解 Windows 7 下如何安装 IIS。

（1）进入"控制面板"，打开"程序和功能"，如图 2-9 所示。

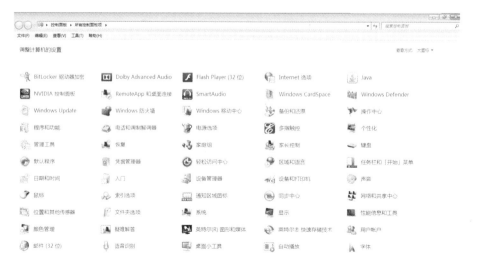

图 2-9　控制面板

（2）单击左侧的"打开或关闭 Windows 功能"，如图 2-10 所示。

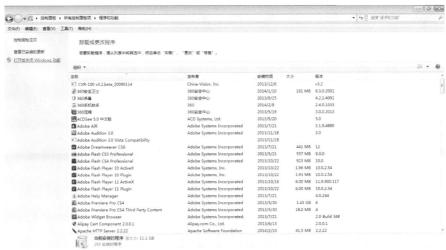

图 2-10　程序和功能

（3）在打开的"Windows 功能"对话框中找到"Internet 信息服务"，如图 2-11 所示。

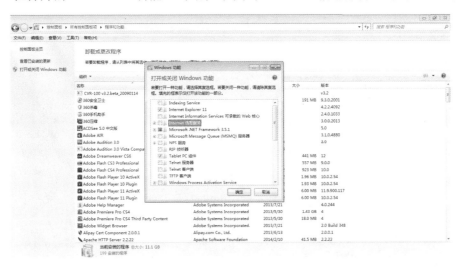

图 2-11　打开或关闭 Windows 功能

（4）勾选"Internet 信息服务"→"Web 管理工具"→"IIS 管理控制台"，如图 2-12 所示。

（5）勾选"Internet 信息服务"→"万维网服务"→"应用程序开发功能"→"CGI"，如图 2-13 所示。

（6）勾选"Internet 信息服务"→"万维网服务"→"常见 HTTP 功能"的全部子项目，如图 2-14 所示。

（7）勾选完成后，单击"确定"按钮进行安装操作，如图 2-15 所示。

（8）安装完成后，打开"控制面板"→"管理工具"，会发现"Internet 信息服务（IIS）管理器"已经安装成功，如图 2-16 所示。

图 2-12　打开或关闭 Windows 功能 2

图 2-13　打开或关闭 Windows 功能 3

图 2-14　打开或关闭 Windows 功能 4

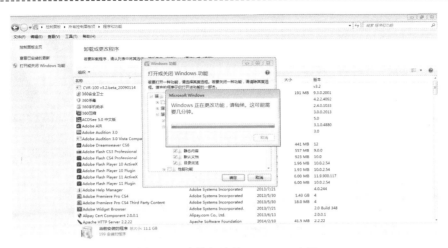

图 2-15 安装勾选的 Windows 功能

图 2-16 管理工具

（9）打开"Internet 信息服务（IIS）管理器"，可以看到我们在 IIS 中安装的相关功能，如图 2-17 所示。

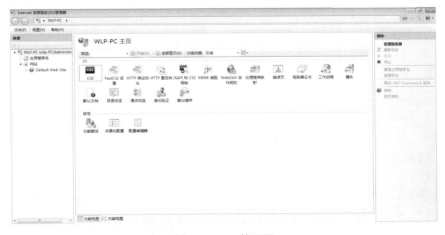

图 2-17 IIS 管理器

第 2 步：整合 PHP

（1）在"C 盘"中建立目录"php5"，并将下载下来的 PHP 程序解压，放入"C:\php5"中，如图 2-18 所示。

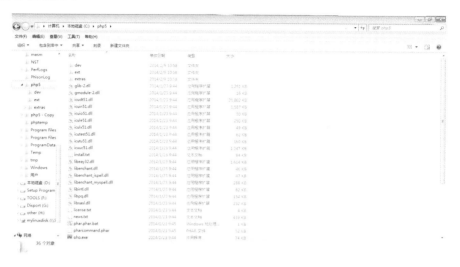

图 2-18　解压后的 PHP 安装文件

在"C:\php5"中找到"php.ini-development"文件，将其重命名为"php.ini"，然后将"php.ini"打开。

在"php.ini"中找到如下项目进行修改：

```
extension_dir = "C:/php5.5.9/ext"
cgi.force_redirect = 0
cgi.fix_pathinfo=1
```

修改完"php.ini"后，保存并退出。

（2）打开"控制面板"→"管理工具"→"Internet 信息服务（IIS）管理器"。找到"处理程序映射"，并单击进入，如图 2-19 所示。

图 2-19　选择"处理程序映射"

（3）单击右侧的"添加模块映射"，如图 2-20 所示。

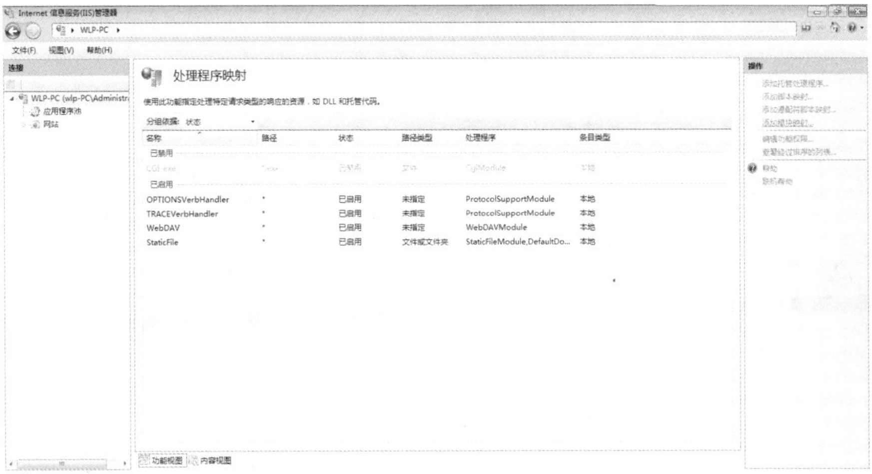

图 2-20 处理程序映射

（4）在打开的"添加模块映射"的对话框中，在"请求路径"中输入"*.php"，在"模块"中选择"FastCgiModule"，在"可执行文件"中选择"C:\php5\php-cgi.exe"，在"名称"中输入"PHP"，输入完成后单击"确定"按钮，在弹出的对话框中选择"是"按钮，如图 2-21所示。

图 2-21 添加模块映射

第 3 步：测试

下面我们对搭配的 PHP 环境进行测试。首先在 IIS 的默认目录"C:\inetpub\wwwroot"下，建立文件"test.php"，并在文件中输入代码：

```php
<?php
phpinfo();
?>
```

输入完成后保存并退出。

之后，在浏览器下输入网址：http://localhost/test.php ，测试我们搭配的环境。如果出现如图 2-22 所示内容，说明 PHP 环境配置成功。

图 2-22　test.php 的运行效果

2.3.8　MySQL 的安装与初始化设置

2.3.8.1　获取 MySQL 安装包

虽然 MySQL 5.6 已经发布，但本书以 MySQL5.5.22 这个目前相对稳定的版本来介绍。其他版本的 Mysql 安装方法也大致相同，即使读者的 MySQL 版本不是 5.5.22，也可以参照本节介绍的方法进行安装和初始化设置。

首先下载 MySQL 的安装包。可以直接从 MySQL 的官方网站下载，网址为 http://www.mysql.com，也可以通过国内站点来下载，如 http://www.mysql.cn。由于本书中的例子都在 Windows 平台下进行开发和调试，因此要下载 Windows 平台下的 MySQL 安装包。笔者下载到的是一个名为"mysql-5.5.22-winx64.msi"的文件。通过压缩包的名字就可以看出，这个 MySQL 版本为 5.5.22。

2.3.8.2　安装并配置 MySQL

MySQL 的安装过程如下。

双击文件"mysql-5.5.22-winx64.msi"，启动安装程序后会出现软件安装欢迎界面，如图 2-23 所示。

单击"Next"按钮，出现接受许可协议条款界面，如图 2-24 所示，在"I accept the terms in the License Agreement"（我接受许可协议中的条款）前面打上勾。单击"Next"按钮继续，出现安装类型选择窗口，如图 2-25 所示，选择安装类型，有"Typical（默认）"、"Custom（自定义）"、"Complete（完全）"三个选项，建议选择"Custom"。因为选择此项才能手工指定安装目录，否则将会安装到默认目录。

单击"Next"按钮，出现"自定义安装"界面，如图 2-26 所示，在这里可以选择要安装的组件。因为安装全部组件也仅需要 24MB 的空间，因此建议不做改动，保持默认。窗口下方为安装位置，默认为"C:\Program Files\Mysql\Mysql Server5.5\"，可以看出这个目录较为复杂，不便于将来使用，可以单击"Browse"按钮，另外选择一个目录，例如选择"C:\Mysql5\"作为安装目录。

图 2-23 MySQL 数据库安装欢迎界面

图 2-24 接受许可协议条款界面

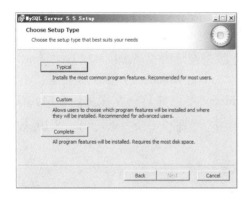

图 2-25 安装类型选择

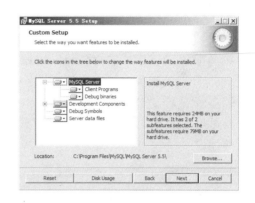

图 2-26 安装组件与目录选择

继续单击"Next"按钮，出现"确认安装"的窗口，如图 2-27 所示，确认无误后单击"Install"按钮，此时出现安装进度条，如图 2-28 所示。期间还会弹出新的窗口，直接单击"Next"按钮即可。

图 2-27 确认安装

图 2-28 安装进度

安装完成后会出现"完成确认"即配置开始界面，如图 2-29 所示。将"Launch the Mysql Instance Configuration Wizard（启用 MySQL 配置向导）"前面打上勾，然后按 "Finish"按钮完成安装。配置开始，出现如图 2-30 界面。

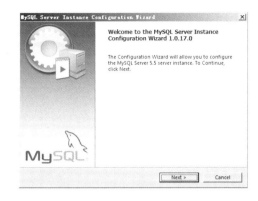

图 2-29　完成确认界面　　　　　　　　　　　　　图 2-30　配置开始界面

单击"Next"按钮，出现服务器配置方式，如图 2-31 所示，"Detailed Configuration（手动精确配置）"、"Standard Configuration（标准配置）"，我们选择"Detailed Configuration"，方便熟悉配置过程。单击"Next"按钮出现服务器类型选择（见图 2-32）："Developer Machine（开发测试类，MySQL 占用很少资源）"、"Server Machine（服务器类型，MySQL 占用较多资源）"、"Dedicated MySQL Server Machine（专门的数据库服务器，MySQL 占用所有可用资源）"。因为是学习需要，做开发测试用，我们这里选择第一个，单击"Next"按钮继续。

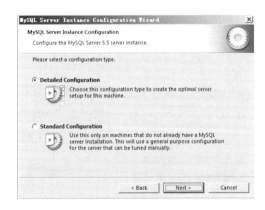
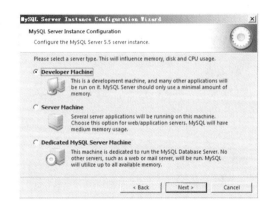

图 2-31　服务器配置方式　　　　　　　　　　　　图 2-32　服务器类型选择

进入 MySQL 数据库的用途，如图 2-33 所示，"Multifunctional Database（通用多功能型）"、"Transactional Database Only（服务器类型，专注于事务处理）"、"Non-Transactional Database Only（非事务处理型，较简单，主要做监控、记数用，对 MyISAM 数据类型的支持仅限于 non-transactional），根据你自己的用途进行选择，我这里选择"Multifunctional Database"，单击"Next"按钮继续。

对 InnoDB Tablespace 进行配置，如图 2-34 所示，就是为 InnoDB 数据库文件选择一个存储空间，如果修改了，要记住位置，重装的时候要选择一样的地方，否则可能会造成数据库损坏，当然，对数据库做个备份就没问题了，这里不详述。使用默认位置就可以了，单击"Next"按钮继续。

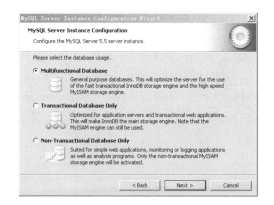

图 2-33　数据库用途选择

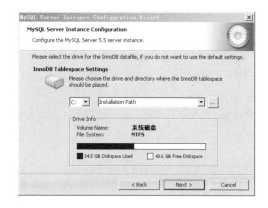

图 2-34　InnoDB Tablespace 进行配置

选择您的网站的一般 MySQL 访问量，同时连接的数目，如图 2-35 所示，"Decision Support（DSS）/OLAP（20 个左右）"、"Online Transaction Processing（OLTP）（500 个左右）"、"Manual Setting（手动设置，自己输入一个数）"，由于我们主要用于在自己机器上做开发测试，这里选"Manual Setting"，然后选填的是 10 个连接数，单击"Next"按钮继续。

是否启用 TCP/IP 连接，设定端口，如果不启用，就只能在自己的机器上访问 mysql 数据库，如果启用，点选前面的方框打钩，Port Number（端口号）：3306，"Add firewall exception for this port"是一个关于防火墙的设置，将监听端口加为 Windows 防火墙例外，避免防火墙阻断。还有一项"Enable Strict Mode（启用标准模式）"，如果选中 MySQL 就不会允许细小的语法错误。如果您还是个新手，我建议您取消标准模式以减少麻烦。但熟悉 MySQL 以后，尽量使用标准模式，因为它可以降低有害数据进入数据库的可能性。都配置好后，如图 2-34 所示，单击"Next"按钮继续。

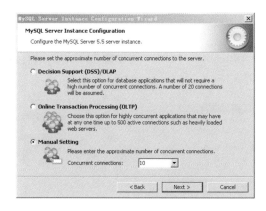

图 2-35　访问量、并发数设置

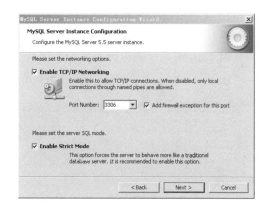

图 2-36　TCP/IP 连接端口设置

对 MySQL 默认数据库编码进行设置，如图 2-37 所示。第一个是西文编码，第二个是多字节的通用 UTF8 编码，第三个你可以在 Character Set 下拉框多种编码中进行自由选择，我们常使用的就是 GBK、GB2312 和 UTF8，UTF8 是国际编码，它的通用性比较好，GBK 是国家编码，通用性比 UTF8 差，不过 UTF8 占用的数据库比 GBK 大，这里选择适合你自己的就好了，我选择的是 UTF8，不过需要注意的是如果要用原来数据库的数据，最好能确定原来数据库用的是什么编码，如果这里设置的编码和原来数据库数据的编码不一致，在使用的时候可能会出现乱码，单击"Next"按钮继续。

是否将 MySQL 安装为 Windows 服务，还可以指定 Service Name（服务标识名称），是否将 MySQL 的 Bin 目录加入到 Windows PATH（加入后，就可以直接使用 Bin 下的文件，而不用指出目录名，比如连接，"mysql.exe -uusername -ppassword;"就可以了，不用指出 mysql.exe 的完整地址，很方便），我这里全部勾选，Service Name 不变，如图 2-36 所示，单击"Next"按钮继续。

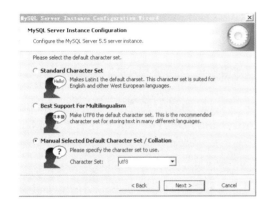

图 2-37　默认编码设置　　　　　　　　　　　图 2-38　服务设定

如图 2-39 所示，是否要修改默认 root 用户（超级管理）的密码（默认为空），"New root password"，就在此填入新密码，"Retype the password（重新输入密码）"内再填一次，防止输错。如果要修改"Enable root access from remotemachines（是否允许 root 用户在其他的机器上登录），如果要安全，就不要勾选，如果要方便，就勾选它"。最后一项"Create An Anonymous Account（新建一个匿名用户，匿名用户可以连接数据库，不能操作数据或查询）"，一般不用勾选，完成后，单击"Next"按钮继续。

如图 2-40 所示，确保以上设置无误后，单击"Execute"按钮，使设置生效，如果有误，单击"Back"按钮返回检查。至此 MySQL5.5 安装完毕。

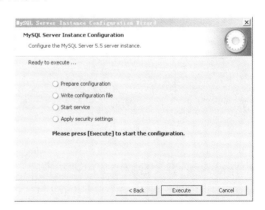

图 2-39　root 用户密码设定　　　　　　　　　图 2-40　执行配置

2.3.8.3　进入 MySQL 控制台

如果安装配置成功，MySQL 服务应该已经被启动。可以通过以下方法进行简单的测试，来验证 MySQL 是否安装成功。

打开"开始"→"运行"，输入执行 cmd 命令，打开命令提示符窗口（也可以通过"开始"→"程序"→"附件"→"命令提示符"来打开），在命令提示符下输入"mysql -u root -p"并按 Enter 键，会出现"Enter password:"，输入密码"1234"，然后按 Enter 键，如果 MySQL 安装成功并已成功启动，会出现图 2-41 所示的登录成功的欢迎信息。

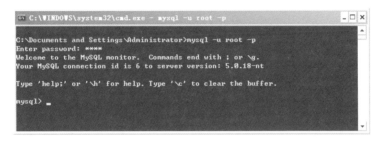

图 2-41　MySQL 登录成功的欢迎信息

根据软件环境不同，命令提示符的显示信息可能也会有不同。但只要输入密码后能够看到"Welcome to the MySQL monitor."之类的提示，就说明 Mysql 登录成功。如果 root 用户没有设置密码，可以在出现"Enter Password："之后直接单击 Enter 键，使用空密码进入。如果出现"MySQL 不是内部命令或外部命令，也不是可运行的文件或批处理文件"的提示，那说明在上面的配置步骤中，没有把 MySQL 的 Bin 目录加入到系统环境变量中。这时可以在命令提示符下切换到 MySQL 的安装目录的 Bin 目录，然后再输入"mysql-u root-p"命令来登录 MySQL。退出命令为 exit。

2.4　独　立　探　索

1．自己上网查看哪些网站是用 PHP 做的，请列举出 10 个网站。
2．自己动手为自己的计算机配置 PHP+MySQL 环境，并用自己的语言简单阐述其过程。
3．上网搜索其他的 PHP+MySQL 环境的搭建方法（如 PHPStudy），并简要描述其步骤。
4．有能力的同学研究一下在 Linux 系统下 PHP 的安装过程。

2.5　项　目　确　定

自己动手为自己的计算机配置 PHP+MySQL 环境,并发布书中给出的多用户博客系统(静态版)。

2.6　协　作　学　习

分组讨论 2.5 中确定的项目，写出讨论结果。若同时讨论了其他问题，请写出题目及讨论结果。

2.7 学 习 评 价

分数：_____

学习评价共分为三部分：自我评价、同学评价、教师评价，分值分别为：30、30、40 分。

评价项目	分数	评 价 内 容
自我评价		
同学评价		签名：_____
教师评价		签名：_____

子项目三 数据库的设计与创建

3.1 情 景 设 置

在子项目一中,我们分析了多用户博客系统的用户、功能及较为详细的功能流程。在子项目二中我们为多用户博客系统的开发搭建好了所需要的服务环境。

接下来我们还需要继续为多用户博客系统中的数据存储做好数据库的准备,也就是我们要根据子项目一中的功能设计对要进行存储的数据设计出符合利用 MySQL 进行数据存储的相关结构。因此,我们只有对 MySQL 数据库的相关知识有所了解、掌握,才能设计出既符合多用户博客系统功能需要又符合 MySQL 数据库存储的相关数据表的结构。

3.2 知 识 链 接

(1)MySQL 数据库系统简介;
(2)MySQL 中的数据类型;
(3)结构化查询语言(SQL);
(4)MySQL 用户管理;
(5)MySQL 可视化管理工具——phpMyAdmin。

3.3 知 识 讲 解

3.3.1 MySQL 数据库系统简介

3.3.1.1 Web 开发与数据库

动态网站开发离不开数据存储,数据存储离不开数据库,数据库技术的引入给网站开发带了巨大的飞跃。

数据库技术是计算机技术中的重要部分,在软件开发领域起着至关重要的作用。由于数据库技术属于一个专门的技术领域,而本书也不以讨论数据库原理为目的,因此不再对数据库的理论进行阐述。考虑到部分读者可能对数据库并不熟悉,甚至一无所知,为了使这部分读者对数据库的概念有一个简单的认识,为接下来的学习扫除障碍,这里用比较通俗的语言描述一下什么是数据库。

所谓数据库,可以理解为用来存储信息的"仓库"。而"信息"就是要存储的数据,如用户的姓名、年龄,产品的价格、简介,某一日期时间甚至图像等。总之一切可以在计算机中存储下来的数据都可以通过各种方法存储到数据库中。

信息并不是杂乱无章的直接放入数据库，而是以二维表的形式组织起来，一条一条存储于表中。这和日常生活中经常用到的各种表格形式上是一致的。表中的每一条信息称为一条"记录"。一个数据库中可以有若干张表，每张表中又可以存放若干条记录。例如，前面讲到的用户注册程序，每一个用户的信息，如用户名、密码、头像等，就可以作为一条记录，存储在一张表中。

每张表都有自己的"表头"。例如，需要设计一个用来统计学生信息的表格，把要收集的学生信息分成几个栏目，这些栏目就是"表头"，在数据库技术中，称为"字段"。如表 3-1 所示是一张学生基本信息表，其中"学号"、"姓名"、"性别"、"年龄"就是字段。"张三"就是第一条记录的"姓名"字段值，"20"就是第 3 条记录的"年龄"字段值。而表中横向的多个字段值组成了一条记录，多条记录构成了一张数据表。

表 3-1　　　　　　　　　　　学 生 基 本 信 息 表

学　　号	姓　　名	性　　别	年　　龄
001	张三	男	18
002	李四	女	19
003	王五	男	20
…	…	…	…

以上简要说明了数据库、表、字段和字段值这几个概念。实际上这些概念远比这里介绍的复杂得多，对此感兴趣的读者可以参考数据库技术的相关书籍来进一步理解。

把数据以这种形式存放在数据库中有什么好处呢？采取数据库技术可以给数据的存储和检索带来巨大好处，主要可以归纳为以下四点。

（1）数据存储集约化，最大限度节省存储空间。

（2）数据库专门的检索引擎能够极大提高数据检索速度。

（3）数据库结构化查询语言（SQL）给数据管理带来了极大便利。

（4）可以方便地对数据进行查询、增加、删除、修改。

数据库系统从根本上说就是一个软件系统，通过这个软件系统可以对大量数据进行存储和管理。当前市场上的数据库有几十种，其中，有如 Oracle、SQL Server 等大型网络数据库，也有如 Access、VFP 等小型桌面数据库。对于网站开发而言，一般来说中小型数据库系统就能满足要求。MySQL 就是当前 Web 开发中，尤其是 PHP 开发中使用最为广泛的数据库。

3.3.1.2　MySQL 数据库简介

MySQL 是 MySQL AB 公司开发的一种开放源代码的关系型数据库管理系统（RDBMS），MySQL 数据库系统使用最常用的数据库管理语言——结构化查询语言（SQL）进行数据库管理。由于 MySQL 是开放源代码的，因此任何人都可以在 General Public License 的许可下下载并根据个性化的需要对其进行修改。MySQL 因其速度、可靠性和适应性而备受关注，大多数人都认为在不需要事务化处理的情况下，MySQL 是管理内容最好的选择。

MySQL 关系型数据库于 1998 年 1 月发行第一个版本。它使用系统核心提供的多线程机制提供完全的多线程运行模式，提供了面向 C、C++、Eiffel、Java、Perl、PHP、Python 等编程语言的编程接口，支持多种字段类型并提供了完整的操作符。

2001 年 MySQL 4.0 版本发布。这个版本提供了许多新的特性，如新的表定义文件格式、高性能的数据复制功能、更加强大的全文搜索功能等。目前，MySQL 已经发展到 MySQL 5.6，功能和效率方面都得到了更大的提升。

值得一提的是，2008 年 1 月 16 号 MySQL AB 被 Sun 公司收购。而 2009 年，Sun 又被 Oracle 收购。就这样，MySQL 成为了 Oracle 公司的另一个数据库项目。

大概是由于 PHP 开发者特别钟情于 MySQL，因此才在 PHP 中建立了完美的 MySQL 支持。在 PHP 中，用来操作 MySQL 的函数一直是 PHP 的标准内置函数。开发者只需要用 PHP 写下短短几行代码，就可以轻松连接到 MySQL 数据库。PHP 还提供了大量的函数来对 MySQL 数据库进行操作。可以说，用 PHP 操作 MySQL 数据库极为简单和高效，这也使得 PHP＋MySQL 成为当今最为流行的 Web 开发语言与数据库搭配之一。

当然，PHP 支持的数据库不止 MySQL 一种。根据 PHP 官方提供的资料，PHP 支持几乎全部当前主流的数据库。但是 PHP 和 MySQL 的搭配无论从性能上还是易用性上都毫无疑问地成为开发者的首选。此外，还有一个重要原因就是 PHP 和 MySQL 都是免费和开放源代码的，并且都有良好的跨平台特性。这使得搭建 Web 服务器几乎无成本，而且开发出来的程序具有可移植性，这些都是吸引开发者的重要原因。

3.3.2 MySQL 中的数据类型

3.3.2.1 数据类型

这里所说的"数据类型"，实际上也是"字段类型"，即数据表中每个字段可以设置的类型。为了对不同性质的数据进行区分，提高数据查询和操作的效率，数据库系统都将可存入的数据分为多种类型。如姓名、性别之类的信息为字符串型，年龄、价格、分数之类的信息为数字型，日期等为日期时间型。这就有了数据类型的概念。

数据类型是针对字段来说的。有的资料中称为"列类型"或"字段类型"。一个字段一旦设置为某种类型，这个字段中只能存入该类型的数据，不能写入非法数据。例如，"年龄"字段设置为整数型，那么数字"123"可以写入到这个字段中，字符串"ab"就无法写入到这个字段中。

就像编程语言一样，每种数据库都有自己支持的若干种数据类型。在数据库中建立表时，首先要考虑的就是这个表需要设置多少个字段及每个字段的数据类型。

MySQL 数据库中的数据类型分为三大类：数值型、日期时间型和字符串型。各大类中包含的具体类型及其取值范围如表 3-2 所示。

表 3-2   MySQL 常 用 数 据 类 型

大　类	数据类型	取值范围或取值格式
数值型	TINYINT	有符号：−128～127 无符号：0～255
	SMALLINT	有符号：−32 768～32 767 无符号：0～65 535
	MEDIUMINT	有符号：−8 388 608～8 388 607 无符号：0～16 777 215
	INT	有符号：−2 147 483 648～2 147 483 647 无符号：0～4 294 967 295

大　类	数据类型	取值范围或取值格式
数值型	BIGINT	有符号：−9 223 372 036 854 775 808～9 223 372 036 854 775 807 无符号：0～18 446 744 073 709 551 615
日期时间型	DATETIME	0000-00-00 00:00:00
	DATE	0000-00-00
	TIMESTAMP	00000000000000
	TIME	00:00:00
	YEAR	0000
字符串型	CHAR	0～255（字节，字符型）
	VARCHAR	0～65 535（字节，字符型）
	BINARY	0～255（字节，二进制型）
	VARBINARY	0～65 535（字节，二进制型）
	BLOB	无限大小（字节字符串）
	TEXT	无限大小（字符字符串）
	ENUM	枚举型，最多 65 535 个元素
	SET	集合型，最多 64 个成员

读者可能对表中的数据类型还很陌生，在后面的章节中将陆续介绍其中一些最为常用的类型。

3.3.2.2　字段属性

字段除了必须声明类型之外，还可以有各种属性。如有的字段值不能为空，有的字段可以设成"key（键）"，有的字段可以设成"Auto_increment 自增"，有的字段可以规定长度和设置默认值等。这就涉及 MySQL 的字段属性，我们将在后面的学习中逐步介绍不同的字段属性。

3.3.3　结构化查询语言（SQL）

3.3.3.1　结构化查询语言概述

结构化查询语言（Structured Query Language）最早是 IBM 的圣约瑟研究实验室为其关系数据库管理系统 SYSTEM R 开发的一种查询语言。SQL 结构简洁，功能强大，简单易学，所以自从 1981 年被 IBM 公司推出以来，SQL 得到了广泛的应用。如今无论是 Oracle、Sybase、SQL server 等大型数据库管理系统，还是 Visual Foxpro、PowerBuilder 等桌面数据库开发系统，都支持 SQL 语言作为查询语言，MySQL 也不例外。

SQL 主要包含六个部分：

（1）数据查询语言：SELECT；

（2）数据操纵语言：INSERT，UPDATE，DELETE；

（3）数据定义语言：CREATE，ALTER，DROP；

（4）数据控制语言：GRANT，REVOKE；

（5）事务处理语言：BEGIN TRANSACTION，COMMIT，ROLLBACK；

（6）指针控制语言：DECLARE CURSOR，FETCH INTO，UPDATE WHERE CURRENT。

SQL 可用于所有用户的数据库活动模型，包括系统管理员、数据库管理员、应用程序员、决策支持系统人员及许多其他类型的终端用户。基本的 SQL 命令在短时间内就能学会，高级的命令通过学习也不难掌握。SQL 可以完成的功能包括：

（1）查询数据；

（2）在表中插入、修改和删除记录；

（3）建立、修改和删除数据对象；

（4）控制对数据和数据对象的存取；

（5）保证数据库的一致性和完整性。

早期的数据库管理系统为上述各类操作提供单独的语言，而 SQL 将全部任务统一在一种语言中。由于所有主要的关系数据库管理系统都支持 SQL 语言，因此用 SQL 编写的程序在一般情况下都具有可移植性。

上面对 SQL 的理论进行了介绍，下面就来介绍一些具体的 SQL 语句，看 SQL 是如何实现对数据的操纵的。

3.3.3.2　数据定义语言（CREATE/ALTER/DROP）

1. CREATE/SHOW/USE 语句

CREATE 语句可以用来创建新的数据库和表，SHOW 语句用来显示当前所有数据库或当前数据库下的所有表，USE 语句是打开某个数据库。

根据前面讲过的方法，打开命令提示符界面，输入用户名密码登录到 MySQL 控制台。登录到控制台后光标前面显示"mysql>"，在光标处可以直接输入 SQL 语句来操作数据库。下面创建一个 student 的数据库，输入以下命令并按 Enter 键。

```
mysql> CREATE DATABASE student;
```

注意每条 SQL 语句输入完毕后最后要输入"；"，表示输入完成。否则不论按多少次 Enter 键此语句都不会执行，直到遇到分号结尾（极个别的不需要）。

SQL 语句可以用大写，也可以用小写，还可以大小写混合。本语句执行后会输出：

```
Query OK,1 row affected(0.08 sec)
```

这说明语句执行成功，一个名为 student 的数据库已经被创建成功。这时可以用以下命令来查看数据库是否已经被创建。

```
mysql> SHOW DATABASES;
```

输入命令后按 Enter 键，列出当前所有数据库。

```
mysql> show databases;
+--------------+
| Database     |
+--------------+
| information_schema |
| mysql        |
| student      |
| test         |
+--------------+
4 rows in set(0.13 sec)
```

可以看到，student 数据库已经创建成功（information_schema、mysql、test 三个数据库均为 MySQL 安装时自动创建的原始数据库）。

继续用 CREATE 语句在 student 数据库中创建一个表 info。这个表用来存储学生基本信息，共有 3 个字段，分别是姓名（name）、性别（sex）、年龄（age）。这 3 个字段对应的数据类型分别为 CHAR、CHAR、TINYINT，长度分别限制在 20 字节、2 字节、2 字节以内。

在 student 数据库中创建表之前，需要首先打开这个数据库：

```
mysql> USE student;
```

此语句用 USE 命令选定一个要操作的数据库，执行后显示 "Database changed"，表示数据库已经打开。

然后输入以下语句并按 Enter 键：

```
mysql> CREATE TABLE info(name VARCHAR(20),sex VARCHAR(2),age TINYINT(2));
```

语句执行完毕后显示 "Query OK，0 rows affected（0.14 sec）"，表示语句执行成功。这时候表 info 已经创建成功，可以使用以下命令来查看 student 数据中现有的表。

```
mysql> SHOW TABLES;
```

执行后显示：

```
+---------------+
| Tables_in_student |
+---------------+
| info          |
+---------------+
1 row in set(0.00 sec)
```

这时可以看到 info 表确实已经创建到了 student 数据库中。

为了能查看数据表 info 的表结构，我们要扩展一个查看表结构的命令：desc。

```
mysql> desc info;
```

执行后显示：

```
+-------+-------------+------+-----+---------+-------+
| Field |    Type     | Null | Key | Default | Extra |
+-------+-------------+------+-----+---------+-------+
| name  | varchar<20> | YES  |     |  NULL   |       |
|  sex  | varchar<2>  | YES  |     |  NULL   |       |
|  age  | tinyint<20> | YES  |     |  NULL   |       |
+-------+-------------+------+-----+---------+-------+
3  rows in set <0.00 sec>
```

2. ALTER 语句

ALTER 语句用来修改一个表的定义，也就是说修改表自身。如修改表的名字，修改表中某个字段的名字、属性、类型等（也可以用于修改数据库的部分属性）。看下面的例子：

```
mysql> ALTER TABLE info CHANGE name xingming VARCHAR(20);
```

本语句将表 info 的 name 字段名修改为 xingming，类型和长度不变。提示信息如下：

```
Query OK,0 rows affected(0.05 sec)
```

又如：mysql> ALTER TABLE info ADD addr VARCHAR（50）；

本语句在 info 表中又增加了一个名为 addr、类型为 varchar、长度为 50 的新字段。提示信息如下：

```
Query OK,0 rows affected(0.05 sec)
```

此时，查看一下表结构。

```
mysql> desc info;
```

执行后显示：

```
+--------+------------+------+-----+---------+-------+
| Field  |    Type    | Null | Key | Default | Extra |
+--------+------------+------+-----+---------+-------+
|xingming| varchar<20> | YES  |     |  NULL   |       |
| sex    | varchar<2>  | YES  |     |  NULL   |       |
| age    | tinyint<2>  | YES  |     |  NULL   |       |
| addr   | varchar<50> | YES  |     |  NULL   |       |
+--------+------------+------+-----+---------+-------+
4 rows in set <0.00 sec>
```

```
mysql> ALTER TABLE info DROP addr;
```

本语句删除了表 info 中的 addr 字段。

3. DROP 语句

DROP 语句用来删除一个数据库或者一个表。如果是删除一个数据库，那么这个数据库下的所有表也将被删除。例如：

```
mysql> DROP DATABSE D1;
```

删除名为 D1 的数据库。

```
mysql> DROP TABLE tbl1;
```

删除名为 tbl1 的表（删除前需要先打开数据库）。

我们在测试 DROP 语句的时候可以先创建（CREATE）一个测试用的数据库和数据表，然后再分别删除，以查看效果。

3.3.3.3 数据操纵语言（INSERT/UPDATE/DELETE）

1. INSERT 语句

INSERT 语句用来向表中插入新的数据记录，每次插入一条。如要向刚才创建的 info 表中插入一条各字段值分别为"张三"、"男"、"20"的记录，可以使用下面的语句：

```
mysql> INSERT INTO info VALUES（"张三"，"男"，20）；
```

执行后显示"Query OK，1 row affected（0.08 sec）"，表示语句执行成功。

值得注意的是，在插入数据时，字符串型值要用双引号或者单引号括起来，数值型不用引号（加引号就错了）。而且提供的数据也必须按照表的字段顺序排列，不能颠倒。

在 3.3.3.4 节中将介绍如何从表中查询数据。在查询之前，先执行几次 INSERT 语句向表中插入几条信息，这样可以更加形象地说明查询语句的作用。不妨再插入"李四"、"王五"、"赵六"3 条记录，这样表中共有 4 条记录。

2. UPDATE 语句

UPDATE 语句可以对表中现有的记录进行修改。

（1）修改全部记录的某个字段的值。例如要将 info 表中全部记录的年龄都修改成 25，可以使用下面的语句：

```
mysql> UPDATE info SET age=25;
```

这时如果用 SELECT 语句查询此表，会看到所有记录的 age 字段都变成了 25。（读者可以执行 SELECT * FROM info; 语句来查看表中的数据，SELECT 语句的详细用法将在 3.3.3.4 节介绍）。

此外，还可以一次修改多个字段的值。如除了要将所有记录的 age 字段修改成 25，还要将所有 sex 记录修改为"女"，可以用如下语句：

```
mysql> UPDATE info SET age = 25,sex = "女";
```

也就是说，多个字段之间用逗号隔开，可以一次修改多个字段的值。

（2）修改满足某条件的记录。通过 WHERE 子句指定的条件，可以修改满足指定条件的记录的值。如要将姓名为"张三"的记录的年龄修改成 23，可以用如下语句：

```
mysql> UPDATE info SET age = 23 WHERE name = "张三";
```

执行之后再用 SELECT 语句查询此表，会发现"张三"的年龄为 23，其他记录的年龄的均为 25。

同样可以用逗号隔开的方法，修改满足指定条件的记录的多个字段。

3. DELETE 语句

DELETE 语句用来删除表中的记录。可以一次删除全部记录，也可以删除满足指定条件的记录。

（1）删除表中的全部记录。如要删除表 info 中的全部记录，可以用以下语句：

```
mysql>DELETE FROM info;
```

该语句执行后表 info 中的全部记录都会被删除。可以看出该命令比较危险，不小心很容易造成误删，带来意想不到的后果，因此使用此命令时应尽量谨慎。

（2）删除满足条件的记录。如果要删除表 info 中性别为"女"的记录，可以用如下命令：

```
mysql> DELETE FORM info WHERE sex = "女";
```

读者可以自行尝试变换各种条件，并观察语句运行效果。

3.3.3.4 数据查询语言（SELECT）

SELECT 语句用来查询表中的数据，SELECT 语句是 SQL 中最复杂的语句之一。因为用 SELECT 语句可以实现极为复杂的查询功能，如可以查询某个表中全部记录、部分满足条件的记录、全部字段、部分满足条件的字段等，还可以同时从多个表中查询满足条件的记录，以及对查询结果进行排序等。

这里仅介绍几种常用的 SELECT 语句，读者可以参考其他数据库专业书籍来更加深入地学习。

（1）查询全部记录全部字段。查询一个表中全部记录，可以用如下语句：

```
mysql> SELECT * FROM info;
```

这里"*"表示所有字段，info 为表名，程序执行后输出：

```
+----+-----+-----+
| name | sex | age |
+----+-----+-----+
| 张三 | 男   | 20  |
| 李四 | 男   | 18  |
| 王五 | 女   | 18  |
| 赵六 | 女   | 17  |
+----+-----+-----+
4 rows in set(0.02 sec)
```

可见刚才插入的 4 条数据全部被查询出来了。

（2）查询全部记录的部分字段值。可以通过指定具体的字段和排序方式来过滤不需要显示的字段。如要查询所有记录的姓名、年龄两个字段值，可以用如下语句：

```
mysql> SELECT name,age FROM info;
```

执行后输出：

```
+-----+----+
| name | age |
+-----+----+
| 张三 | 20  |
| 李四 | 18  |
| 王五 | 18  |
| 赵六 | 17  |
+-----+----+
4 rows in set(0.00 sec)
```

（3）查询满足某个条件的记录。通过 SELECT 语句的 WHERE 子句，可以查询某些满足指定条件的记录，这在查询中极为常用。如要查询所有年龄小于 19 的记录，可以用如下语句：

```
mysql> SELECT * FROM info WHERE age<19;
```

执行后输出：

```
+------+------+---+
| name | sex  | age |
+------+------+---+
| 李四 | 男   | 18  |
| 王五 | 女   | 18  |
| 赵六 | 女   | 17  |
+------+------+---+
3 rows in set(0.01 sec)
```

当查询条件为多个时，可以使用 AND 关键字。例如，现在查询所有年龄小于 19 并且性别为女的记录，可以使用下列语句：

```
mysql> SELECT * FROM infor WHERE age<19 AND sex ="女";
```

该语句执行后，将只输出满足条件的王五、赵六的两条记录。

（4）查询某些记录，并对结果进行排序。使用 SELECT 语句的 ORDER BY 子句可以对查询结果进行排序。例如，查询所有性别为"女"的记录，并且将结果按照年龄从小到大排序排列。

```
mysql> SELECT * FROM info WHERE sex="女" ORDER BY age ASC;
```

运行后输出结果如下：

```
+-----+-----+----+
| name | sex | age |
+-----+-----+----+
| 赵六 | 女  | 17 |
| 王五 | 女  | 18 |
+-----+-----+----+
2 rows in set(0.01 sec)
```

如果要将从小到大改为从大到小，则将命令中的"ASC"改为"DESC"即可。

本节简要介绍了一些 Web 开发中最为常用的 SQL 语句。这些语句能够满足一般 Web 开发的需求。在后面的编程中经常会用到 SQL 语句，读者应注意多积累、多比较、多练习。掌握尽量多的 SQL 语句的使用方法，才能在以后的开发中得心应手。

3.3.4 MySQL 用户管理

之前进入 MySQL 控制台时，使用的是 MySQL 的超级管理用户，即用户名为 root 的用户。事实上在实际应用中一台数据库服务器往往多人同时使用，此时如果只有一个用户账号显然不够用。而且 root 用户拥有对数据库的全部权限，可以对数据库进行任何操作，当然不希望这个账号被一个普通的管理员使用。因此需要在 MySQL 中分配账号，每个账号可以管理各自的数据库，不能越权。这样可以很好地提高数据库的安全性。

在 MySQL 中，增加新用户的方法主要有两个：一是直接向 MySQL 用户表插入新记录，二是使用 grant 授权命令。

MySQL 的用户账号、密码及权限等信息，都存储在一个名为"mysql"的数据库的"user"表中（MySQL 安装完成后自动创建，可以在控制台下查看）。分别执行以下两个命令：

```
mysql> use mysql
mysql> select * from user;
```

这时可以看到类似于下面样式的返回结果（以下结果进行过简化）：

```
+----------+------+-----------+-----------+-----------+----------
| Host     | User | Password  ……
| %        | root | 1c8bc9fa64c40b82 ……
+----------+------+-----------+-----------+-----------+----------
1 rows in set(0.00 sec)
```

可以看到查询出了 user 表中的记录，每条记录就是一个用户账号信息。由于 user 表有数十个字段，因此读者看到的查询结果可能显示的比较零乱，这是由于屏幕尺寸有限，无法在一行内显示出所有字段，自动换行后导致的。

一般来说，新安装的 MySQL 的 user 表中有两个用户，分别是 root 和匿名用户。匿名用户为不需要用户名和密码即可进入系统的用户。

在 user 表中，前 3 个字段 Host、user、Password 分别表示登录主机、用户名和密码。登录主机表示此用户允许登录的主机地址，即 IP 地址。"%"表示任意主机。如果本用户只能从本地登录，不允许远程登录，可以用"localhost"或本机 IP 地址。用户密码用加密方式存储，因此看到的密码是一串无规则的字符串。第 4 个字段及以后的字段，表示权限状态，即该用户是否有某权限。这些权限包括查询权限、修改权限、删除权限等。

知道了 MySQL 存储用户的基本原理，就自然会想到，增加一个用户的第一种方法就是直接向这个表中插入新记录。但是由于 user 表字段较多，用 INSERT 语句向表中插入记录比较麻烦，因此这种方法虽然可行，但很少被采用。

创建新用户及为用户分配权限的第二种方法是使用 GRANT 命令。GRANT 命令功能强大，相比于直接插入用户简单得多，因此是采用比较多的方法。下面是 GRANT 命令的语法结构：

```
GRANT priv_type [(column_list)] [,priv_type [(column_list)] ...]
ON {tbl_name | * | *.* | db_name.*}
TO user_name [IDENTIFIED BY 'password']
    [,user_name [IDENTIFIED BY 'password'] ...]
[WITH GRANT OPTION]
```

这是完整的 GRANT 语句语法结构，看起来比较复杂。使用本命令可以一次创建多个 MySQL 账号。在实际应用中一般一次只创建一个用户，这样语法结构就可以简化为：

```
GRANT  priv_type [(column_list)]]
ON  {tbl_name | * | *.* | db_name.*}
TO  user_name [IDENTIFIED BY 'password']
```

而到了具体的语句中，还可以继续简化。如：

mysql> GRANT ALL ON DB1.* to "Nie" IDENTIFIED BY "123456";

执行之后创建了用户 Nie，密码 123456，该用户对数据库 DB1 拥有全部权限。

下面我们对 GRANT 语句的语法结构进行简要分析。

（1）GRANT——关键字，表示授权语句开始。

（2）priv_type——权限类型。可以是 select/delete/update/create/drop/alter 中的任意一种。如果是全部权限，可以用 all privileges，并且可以简写为 all。

（3）ON { tbl_name | * | *.* | db_name.*}——声明此用户可以操作哪些数据库及哪些表。声明可以使用以下四种方法之一：

1）tbl_name：直接指定表名，如 info。

2）*：任意表。

3）*.*：任意数据库的任意表。

4）db_name.*：指定数据库的所有表，如 db1。

（4）TO user_name：指定用户名。即要创建的账号的用户名，如上例中的"Nie"。

（5）IDENTIFIED BY：此项目为可选。指定账号所对应的密码，应用引号括起来，密码提交后会自动被加密。

本节介绍了 MySQL 中用户管理的基本方法。尤其是讲解了 GRANT 语句的使用方法。在实际应用中，GRANT 语句十分灵活、方便，熟练掌握 GRANT 语句可以在进行 MySQL 管理时游刃有余。

3.3.5 MySQL 可视化管理工具——phpMyAdmin

3.3.5.1 phpMyAdmin 的安装

在命令提示符下编写语句来进行数据库管理，虽然能够比较灵活地对数据进行操控，但是却具有难度高、效率较低、容易出错等弊端。很多对命令提示符不熟悉的读者更是不易接受。实际上还有更加高效和便捷的方法来管理数据库，那就是借助现有的工具。phpMyadmin 就是一个专门用来管理 MySQL 数据库的工具，这也是目前应用最为广泛的 MySQL 数据库管理工具。

phpMyadmin 不是一般的桌面应用软件，它是完全用 PHP 开发的一套程序，可以安装在

图 3-1 phpmyadmin 的用户登录界面

安装了 PHP 和 MySQL 的计算机上，通过浏览器来管理 MySQL 数据库。该程序功能强大，界面友好，是 PHP+MySQL 开发者十分青睐的工具软件。可以从网络上下载 phpMyadmin 的压缩包，网址为：http://http://www. phpmyadmin.net。该软件有诸多版本，此处以 3.5.0 版本为例来说明其使用方法。

将下载的压缩包解压缩，解压之后得到一个包含了大量 PHP 程序的文件夹，此文件夹一般名为"phpMyAdmin-××.××.××"。为了将来使用方便，可以将此文件夹重命名，不妨命名为"phpmyadmin"。

将 phpmyadmin 文件夹复制到 IIS 或 Apache 主目录下。这样就可以通过 http://localhost/phpmyadmin/ 或"http://localhost/phpmyadmin/index.php"来运行此程序。

首先进入登录界面，如图 3-1 所示。用户名输入"root"，密码也输入"root"。

登录后的主界面如图 3-2 所示。

图 3-2 phpmyadmin 登录后主界面

3.3.5.2　phpmyadmin 的使用

1. 创建新数据库

要创建一个新数据库，在首页中单击"数据库"按钮，进入如图 3-3 所示的界面，在新建数据库的表单中输入数据库的名字，单击"创建"按钮，即可创建一个新数据库。

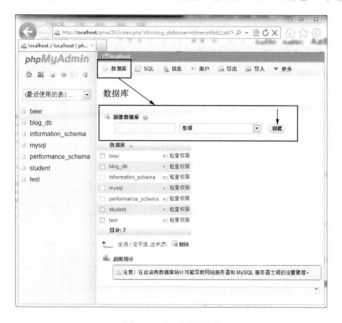

图 3-3　创建数据库

2. 选择数据库

在图 3-3 的左侧列表或左侧的下拉菜单中，单击一个数据库，那么该数据库就被选中了，下面将列出该数据库中的所有表，右侧将列出数据库中表的信息，如图 3-4 所示。

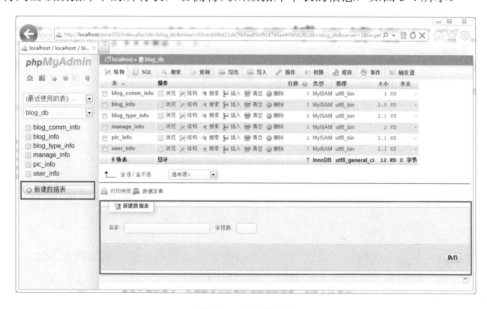

图 3-4　选择数据库

3. 创建数据表信息

在图 3-4 的标识区域内填写要创建数据的名字和字段数，弹出如图 3-5 所示的数据表结构表单，按照要求填写表单内容，完成后单击右下角的"保存"按钮即可成功创建一个数据表。

图 3-5　数据表的创建

4. 选择并浏览表信息

单击左侧的表名，右侧将显示此表的详细字段信息，如图 3-6 所示。

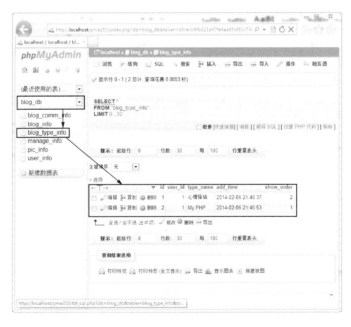

图 3-6　浏览表信息

这时单击右侧上方的按钮，可以进行浏览表内记录、显示表的结构、执行 SQL 语句、搜索、插入数据、导出数据、导入数据及操作和触发器等操作。

5. 浏览及编辑数据

单击表上方的"浏览"按钮，会打开该表的记录，如图 3-6 所示。在此视图中可以对各条记录进行编辑、复制、删除等操作，这里就不再一一给出图解了。

phpmyadmin 是一款功能强大的软件，用它可以很容易地对 MySQL 数据库进行各种管理。本书限于篇幅，就不再详细讲解其使用方法，只是将此工具介绍给广大读者，请各位读者自行安装、试用，掌握其常用功能，这对于提高数据库管理效率将起到很大的作用。

3.4 独 立 探 索

根据子项目一中自己设计出的功能，就超级管理用户、注册用户、注册用户的博客分类、博客内容、博客评论、博客 banner 头图片和博主的形象等功能设计出所包含的数据表及数据表的字段。

3.5 项 目 确 定

自己动手在各自的计算机上创建本项目所需要的数据库及各数据表。

3.6 协 作 学 习

1．独立完成 3.5 中的任务，并与同组的同学交换检查是否正确，若有错误写出错误原因。

2．再次分析数据库设计是否能够完全满足子项目一中的功能设计需要，若不能找出解决方案。

3．从网上搜索并下载 Navicat，研究其使用方法。

4．若还讨论了其他问题，请写出题目及讨论结果。

3.7 学 习 评 价

分数：_____

学习评价共分为三部分：自我评价、同学评价、教师评价。分值分别为：30、30、40分。

评价项目	分数	评 价 内 容
自我评价		
同学评价		签名：_____
教师评价		签名：_____

子项目四 嵌入 PHP 与 PHP 基础

4.1 情 景 设 置

在子项目一中，我们分析了多用户博客系统的用户、功能及较为详细的功能流程。

在子项目二中，我们为多用户博客系统的开发搭建好了所需要的服务环境。

在子项目三中，我们搭建好了项目要存储信息的数据平台。

那么，我们怎么样才能把有关多用户博客的相关信息存储到 MySQL 数据库里呢，我们又使用什么手段才能把存储的信息读出来，并显示到网页中呢？这就需要用到网络编程语言—PHP 了！接下来我们就要真正开始我们的网络程序编写之旅了，首先，我们要学习并掌握在 HTML 中如何潜入 PHP 和 PHP 的基础知识，再次，我们要学会如何使用 PHP 与数据库进行数据交换。本子项目的任务就是要解决如何向本项目的静态网页中嵌入 PHP 和 PHP 基础的相关知识。

4.2 知 识 链 接

（1）PHP 语法基础；

（2）PHP 中的常量；

（3）PHP 中的变量；

（4）PHP 运算符和表达式；

（5）PHP 流程控制语句；

（6）PHP 自定义函数；

（7）PHP 变量的作用域。

4.3 知 识 讲 解

4.3.1 PHP 语法基础

4.3.1.1 第一个 PHP 程序

"hello，world!"几乎已经变成所有程序语言的第一个范例，这里也不例外，先用 PHP 来写一个输出"hello，world!"的简单 PHP 程序。

```
1:  <!--文件 4-1.php:第一个 php 程序-->
2:  <html>
```

```
3:   <head>
4:   <title>First program</title>
5:   </head>
6:      <body>
7:      <?php
8:         echo "hello,world! ";
9:      ?>
10:     </body>
11: </html>
```

这个 11 行的程序在 PHP 中不需经过编译等复杂的过程，只需将它放在已配置好 PHP 平台的服务器中，并以 4-1.PHP 文件名保存此程序。打开用户端的浏览器，在地址栏中输入 http://localhost/phpsource/chapt04/4-1.php（phpsource 为存放 php 文件的文件夹的服务虚拟目录，chapt04 为该目录下的一个文件夹，4-1.php 为 chapt04 文件夹下的一个 PHP 文件），就可以在浏览器上看到图 4-1 所示的效果。

图 4-1　程序 4-1.php 的运行结果

可以看出，这个程序只有 3 行有用，其他 6 行都是标准的 HTML 语法。第 7 行和第 9 行分别是 PHP 的开始和结束的嵌入符号，第 8 行才是服务器端执行的语句。可以通过浏览器窗口的"查看"→"源文件"命令来查看其源文件：

```
<!--程序 4-1.php:第一个 php 程序-->
<html>
    <head>
        <title>First program for PHP</title>
    </head>
    <body>
        hello,world!
    </body>
</html>
```

可以看出 PHP 程序在返回浏览器时，和 JavaScript 或 VBScript 完全不一样，PHP 的源程序没有传到浏览器，只在浏览器上看到短短的几个字 hello，world。

4.3.1.2　PHP 代码的嵌入方式

在文件"4-1.php"中"<?php"和"?>"为 PHP 的分界符，表示其中所包含的代码是 PHP 代码，当服务器读到该段程序的时候就会调用 PHP 的编译程序。共有 4 种方式将 PHP 代码嵌入到 HTML 中，具体如下。

1. 利用分界符 "<?php" 和 "?>"

这是 PHP 最为普通的嵌入方式，也是 PHP 标准的嵌入方式，举例如下：

```
<?php
echo("这是一个标准方式的 PHP 语言的嵌入范例");
?>
```

强烈建议使用此方式，在跨平台使用时这种写法可以为你的程序减少不必要的麻烦！

2. 利用分界符 "<?" 和 "?>"

这种方式是简写方式，必须在 php.ini 文件中将 shor_open_tag 设置为 On（PHP 5 中默认设置为 On），否则编译器将不予解析，如：

```
<?
echo("这是一个简写方式的 PHP 语言嵌入范例");
?>
```

3. 利用分界符 "<script language="php">" 和 "</script>"

这是类似于 JavaScript 和 VBScript 风格的嵌入方式，对熟悉 Netscape 服务器产品的人员而言，应该相当亲切，如：

```
<script language="php">
echo("这是类似 JavaScript 和 VBScript 风格的 PHP 语言嵌入范例");
</script>
```

4. 利用分界符 "<%" 和 "%>"

这是一种具有 ASP 风格的嵌入方式，必须在 "php.ini" 文件中设置 asp_tags 为 On，否则编译器将不予解析。如：

```
<%
echo("这是类似 ASP 风格的 PHP 语言嵌入范例");
%>
```

强烈建议少用这种方式，如果 PHP 与 ASP 源代码混在一起就有麻烦了！

提示

编写 PHP 程序最好的方法是先处理好纯 HTML 格式的文件之后，再将需要修改的变量或其他地方改成 PHP 程序。这种方法，可以让您在开发过程中达到事半功倍的效果。

下面的程序 4-2.php 就使用了 4 种不同的 PHP 嵌入方式。

```
1:  <!--文件 4-2.php:PHP4 种不同的嵌入方式-->
2:  <HTML>
3:   <HEAD>
4:    <TITLE>不同风格的 PHP 分界符</TITLE>
5:  </HEAD>
6:  <BODY>
7:    <?php
8:      echo"用\"&lt?php\"和\"?&gt\"做分界符";
9:    ?>
10:  <p>
```

```
11:    <?
12:        echo "用\"\&lt?\"和\"?&gt\"做分界符";
13:      ?>
14:      <p>
15: <script language="php">
16:        echo"用\"\&ltscript language=\"php\"&gt\"和\"\&lt/script&gt\"做分
界符";
17:      </script>
18:      <p>
19:      <%
20:        echo"用\"\&lt%\"和\"%&gt\"做分界符";
21:      %>
22:    </BODY>
23: </HTML>
```

其运行结果如图 4-2 所示。

图 4-2 程序 4-2.php 的运行结果

要使上面的程序能运行输出如图 4-2 所示的结果，一定要在 php.ini 中设置 "short_open_tag=On" 和 "asp_tags=On"，否则得不到图 4-2 所示的结果。

4.3.1.3 PHP 程序注释方法

在 PHP 程序中加入注释的方法很灵活，可以使用 C 语言、C++语言或 UNIX 的 Shell 语言的注释方式，也可以将它们混合使用，具体方法如下。

（1）"//"：这是从 C++语法中借鉴来的，该符号只能注释一行。

（2）"/*" 和 "*/"：这是 C 语言的注释符，符号之间的字符都为注释。

（3）"#"：这是 UNIX 的 Shell 语言风格的注释符，也只能注释一行。

下面的程序 4-3.php 中就用了 3 种不同风格的注释。

```
1:  <!--文件 4-3.php:php 的 3 种不同的注释方法-->
2:  <HTML>
3:  <HEAD>
4:    <TITLE>PHP 不同风格的注释</TITLE>
5:  </HEAD>
6:  <BODY>
7:    <?php
8:      echo"使用//注释单行<p>";           //单行注释,看我能输出否
9:      echo"使用/**/注释一段<p>";          /*段注释,
10:                     我还是不能输出,唉……
11:                          可注释一段*/
12:      echo"使用 UNIX Shell 风格的#注释";  #"#"也只能注释一行
13:    ?>
14:  </BODY>
15: </HTML>
```

其运行结果如图 4-3 所示。

4.3.1.4 在 PHP 中引用外部文件

PHP 最吸引人的特色之一是它的文件引用。用这种方法可以将常用的功能或代码写成一个文件，这个文件可以是普通的文件，也可以是类库或函数库，然后在需要的地方直接引用（调用）即可。这样的方法既可以简化程序流程又可以实现代码的复用。

图 4-3 程序 4-3.php 的运行结果

引用文件的方法有两种：require 和 include。两种方法提供不同的使用特性。

这两种方法除了处理失败的方式不同之外完全一样。使用 include()产生一个警告而使用 require()则导致一个致命错误。换句话说，如果想在遇到丢失文件时停止处理页面就用 require()，如果使用 include()遇到丢失文件时，脚本会继续运行。

require 的使用方法：require（"MyRequireFile.php"）、require（'MyRequireFile.php'）、require "MyRequireFile.php"、require 'MyRequireFile.php'都是正确的。

include 使用方法：include（"MyIncludeFile.php"）、include（'MyRequireFile.php'）、include "MyRequireFile.php"、include'MyRequireFile.php'都是正确的。

下面先建立一个名为 4-4.php 的文件，输入如下代码：

```
1:  <!--程序 4-4.php:php 文件的引用-->
2:  <html>
3:      <head>
4:          <title>PHP 文件的引用</title>
5:      </head>
6:      <body>
7:          <?php
8:              echo"这是主文件"4-4.php"输出的!<br>";
9:          include("include.msp");
10:                //引用同目录下名为"include.inc"的 php 文件
11:          echo "<br>继续执行主文件"4-4.php"!";
12:          ?>
13:      </body>
14: </html>
```

然后建立一个名为 include.msp 的文件，其代码如下：

```
1: <!--文件 include.msp:被"4-4.php"文件所引用的文件-->
2: <?php
3:    echo "这是从"include.msp"文件中输出的!";
4: ?>
```

其运行结果如图 4-4 所示。

提示

"include.msp"为被引用的文件名，只要保证该文件的类型为文本类型，可以任意对其命名，包含其后缀。这样是不是可以作出很有个性的文件呢？

下面对 4-4.php 做一下修改，来看看 include 和 require 的区别。

图 4-4　程序 4-4.php 的运行结果

把" include.msp " 文件重新命名为 "include2.msp"。再来执行程序 4-4.php，这时会有警告出现，但"继续执行主文件"4-4.php"!"仍然被输出。之后将 4-4.php 中的第 9 行改为 require（"include.msp"）后，再执行 4-4.php，不仅有警告出现还有错误，而且"继续执行主文件"4-4.php"!"没有被输出。

另外，include_once()和 require_once()也可以用来引用文件，它们的行为与 include()和 require()语句类似，唯一的区别是如果该文件中的代码已经被包含了，则不会再次包含。

下面来进行测试。

（1）在 4-4.php 中的第 9 行和第 10 行之间再加入一句"include（"include.msp"）;"，执行程序会发现输出两句"这是从"include.msp"文件中输出的!"。

（2）在 4-4.php 中的第 9 行和第 10 行之间再加入一句"include_once（"include.msp"）;"，执行程序会发现只输出了一句"这是从"include.msp"文件中输出的!"。

同样 require()和 require_once()的区别也是一样的，也可以用上面的方法进行测试。

4.3.2　PHP 中的常量

PHP 的常量有两种：一种是系统预定义常量，另一种是自定义常量。

4.3.2.1　预定义常量

PHP 为运行的脚本提供了大量的预定义常量。不过很多常量都是由不同的扩展库定义的，只有加载了这些扩展库时才能使用，可以动态加载，也可以在编译时包含进去。

另外有些系统预定义常量的值是随着它们的使用位置而改变的。例如，__LINE__ 的值就依赖于它在脚本中所处的行来决定，有些资料中也把它们称为魔术常量。

下面列举了一些常用的系统预定义常量。

1）__FILE__

本默认常量是文件的完整路径和文件名。如果用在包含文件中，则返回包含文件名。

2）__LINE__

本默认常量是文件中的当前行号。如果用在包含文件中，则返回在包含文件中的当前行号。

3）PHP_VERSION

本内建常量为 PHP 程序的版本，如'5.4.0'。

4）PHP_OS

本内建常量指执行 PHP 解析器的操作系统名称，如'Linux'。

5）TRUE

本常量就是真值（true）。

6）FALSE

本常量就是假值（false）。

7) E_ERROR

本常量指到最近的错误处。

8) E_WARNING

本常量指到最近的警告处。

9) E_PARSE

本常量为解析语法有潜在问题处。

10) E_NOTICE

本常量为发生不寻常但不一定是错误处，如存取一个不存在的变量。

这些以 E_ 开头的常量，可以参考 error_reporting()函数，其中有更多的相关说明。

程序 4-5.php 就是利用系统预定义常量输出一些系统参数。

```
1:  <!--文件 4-5.php:PHP 预定义常量-->
2:  <HTML>
3:  <HEAD>
4:  <TITLE>PHP 预定义常量</TITLE>
5:  </HEAD>
6:  <BODY>
7:  <?php
8:      echo(__LINE__);               //输出 8
9:      echo "<p>";
10:         echo(__FILE__);
11:         echo "<p>";
12:         echo(__LINE__);           //输出 12
13:         echo "<p>";
14:         echo PHP_VERSION;
15:         echo "<p>";
16:         echo PHP_OS;
17:         ?>
18:     </BODY>
19: </HTML>
```

其运行结果如图 4-5 所示。

4.3.2.2 自定义常量

编写程序时仅使用 4.3.2.1 节中的系统预定义常量是不够的。define()可以让用户自行定义所需要的常量，其定义的语法为：

图 4-5　程序 4-5.php 的运行结果

```
define("常量名称","常量内容")
```

用法详见程序 4-6.php。

```
1:  <!--文件 4-6.php:PHP 自定义常量-->
2:  <HTML>
3:  <HEAD>
4:  <TITLE>PHP 定义常量</TITLE>
5:  </HEAD>
6:  <BODY>
```

```
7:    <?php
8:            define("COPYRIGHT","Copyright &copy;2014,www.rzpt.cn");
9:            echo COPYRIGHT;
10:    ?>
11: </BODY>
12: </HTML>
```

其运行结果如图 4-6 所示。

图 4-6　程序 4-6.php 的运行结果

提示

　　自定义常量在定义和使用时应注意以下几点。

（1）常量只能用 define()函数定义，而不能通过赋值语句定义。

（2）常量前面没有美元符号（$）。

（3）常量可以不用理会变量范围的规则而在任何地方定义和访问。

（4）常量一旦定义就不能被重新定义或者取消定义。

　　常量的值只能是标量（boolean、integer、float 和 string）。

这也是自定义常量和变量的不同之处，使用时要注意这点。

4.3.3　PHP 中的变量

PHP 中预先定义了很多变量，用户可以随时在脚本中引用。PHP 的预定义变量将在后面的章节进行讲解，下面主要讲解自定义变量。

4.3.3.1　变量定义与变量类型

在 PHP 中一个有效的变量名由字母或者下画线开头，后面跟上任意数量的字母、数字或下画线。PHP 的变量属于松散的数据类型，具体使用时应注意以下几点。

（1）变量名要以"$"开头，且区分大小写。

（2）变量不必预先定义或声明。

（3）在使用变量时编译器可动态进行类型指定和转换。

（4）变量如果未赋值而直接使用，变量值将被视为空。

提示

　　最好使用相同的变量命名风格，以免在团队合作或自己查找错误的时候因变量大小的问题，浪费过多时间，那就得不偿失了。变量之间可自由转换类型，但浮点数转成整数就有点牵强了。可以将浮点数转成字符串，这是很好处理的。

PHP 支持 8 种原始变量类型，其中包含 4 种标量类型、2 种复合类型、2 种特殊类型，如

表 4-1 所示。

表 4-1 <center>原 始 变 量 类 型</center>

分　类	类　型	类型名称
标量类型	boolean	布尔型
	integer	整型
	float	浮点型，也可以用 "double"
	string	字符串型
复合类型	array	数组
	object	对象
特殊类型	resource	资源
	NULL	

下面，分别介绍这 8 种变量类型。

1. 布尔型（boolean）

布尔型是最简单的类型，也被称为逻辑型，其值非真即假，主要用在条件表达式和逻辑表达式中，用以控制程序流程。要指定一个布尔值，使用关键字 TRUE 或 FALSE（两者都不区分大小写）。其他类型的数据均可以转换为布尔型，详见类型转换。

2. 整型（integer）

整型数的字长和平台有关，最大值大约是二十亿（32 位有符号）。

整型值可以用十进制、十六进制或八进制符号指定，前面可以加上可选的符号（－或者＋）。要使用八进制整数可以在面加 0（零），要使用十六进制整数可以在面加 0x。

```
$int1=1234          //十进制正整数
$int1=-1234         //负整数
$int1=01234         //八进制整数
$int1=0x1234        //十六进制整数
```

3. 浮点型（double（floating point number））

在 32 位的操作系统中，它的有效范围是 1.7E-308～1.7E+308，如：

```
$float1=666.66
$float2=6.6666e2    //表示 6.6666 乘以 10 的 2 次方，为指数形式的浮点数
```

值得注意的是，浮点型变量显示的十进制数的位数由 php.ini 文件中的 precision（精度）定义，预定值为 12，即浮点数最长占 14 个字符。

4. 字符串型（string）

无论是单个字符还是很长的字符串都是使用这个变量类型。值得注意的是要将指定字符串赋值给字符串变量时，要在头尾加上双引号或单引号（如："这是字符串"或'这是字符串'）。PHP 中还提供了一些转义字符，用以表示那些已经被程序语法结构占用了的特殊字符，如表 4-2 所示。

表 4-2   PHP 5 中的转义字符及其含义

转义字符	含 义	转义字符	含 义
\"	双引号	\t	制表符（TAB）
\\	反斜杠	\$	美元符号（$）
\n	换行	\x 两位数字	表示十六进制字符
\r	回车		

提示

　　以上的转义字符中'和"是不一样的。转义字符可能无效，在使用时一定要测试通过了之后再用！如"\n"换行无效，可以使用"
"来换行。

有了 PHP 变量的理论知识，下面通过实例来看其具体使用。

```
1:   <!--文件 4-7.php:PHP 变量的使用=>布尔型、整型、浮点型、字符串-->
2:   <HTML>
3:   <HEAD>
4:   <TITLE>PHP 变量的使用之一</TITLE>
5:   </HEAD>
6:   <BODY>
7:       <?php
8:          $string1="输出字符串变量类型的内容!";
9:          echo $string1;                //输出字符串变量"$string1"的内容
10:         echo "<br>";                  //输出换行
11:         $string2="输出特殊字符:";
12:         echo $string2."\\";
13:         echo "\$";
14:         echo '\'';
15:         echo "\"";
16:         echo "\x52";
17:         echo "<br>";
18:         $int1=01234;                  //八进制整数
19:         $int2=0x1234;                 //十六进制整数
20:         echo "输出整型变量的值:";
21:         echo $int1;                   //输出 668
22:         echo "\t";                    //输出一个制表位
23:         echo $int2;                   //输出 4660
24:         echo "<br>";
25:         $float1=6.6666e2;
26:         echo "输出浮点型变量的值:";
27:         echo $float1;                 //输出 666.66
28:         echo "<br>";
29:         echo "输出布尔型变量的值:";
30:         echo(boolean)($int1);         //输出转换后的布尔变量--"1"
31:      ?>
32:   </BODY>
33:   </HTML>
```

程序 4-7.php 涉及变量类型中的字符串、整型、浮点型、布尔型变量的使用，其运行结果如图 4-7 所示。

5. 数组（array）

数组变量可以是一维数组、二维数组或者更多维数组，其中的元素可以为多种类型，可以是字符串、整型、浮点型、布尔型，甚至是数组或对象等。

在 PHP 中可以使用 array() 函数来创建数组，也可以直接进行赋值。使用 array() 来创建数组的语法为：

图 4-7　程序 4-7.php 的运行结果

```
array( [ key => ] value,
   …
   )
```

其中 key 可以是 integer 或者 string，是以后存取的标志。特别地，当 key 为 integer 时，没有序号意义，value 可以是任何值。

用 array() 函数创建数组的方法如程序 4-8.php 所示。

```
1:  <!--文件 4-8.php:用 array()函数创建 PHP 数组-->
2:  <HTML>
3:  <HEAD>
4:      <TITLE>用 array()函数创建 PHP 数组</TITLE>
5:  </HEAD>
6:  <BODY>
7:      <?php
8:      $arr=array
9:      (
10:        0=>6,
11:         2=>6.666e2,
12:         1=>"我爱 PHP",
13:         "str"=>"string",
14:      );
15:             for($i=0;$i<count($arr);$i++)
16:             {
17:                 $print=each($arr);
18:                 echo "$print[value]<br>";
19:             }
20: ?>
21:     </BODY>
22: </HTML>
```

图 4-8　程序 4-8.php 的运行结果

程序中使用 for 循环用来输出整个数组。其中函数 count() 用来计算出数组元素的个数，函数 each() 返回当前数组指针的索引/值对，在后面的章节还将会讲到。程序 4-8.php 的运行结果如图 4-8 所示。

我们也可以采用给一个一个数组元素赋值的方法，如程序 4-9.php 所示。

```
1:   <!--文件 4-9.php:逐一给数组元素赋值-->
2:   <HTML>
3:   <HEAD>
4:   <TITLE>逐一给数组元素赋值</TITLE>
5:   </HEAD>
6:   <BODY>
7:   <?php
8:              $arr[0]=6;
9:              $arr[2]=6.666e2;
10:             $arr[1]="我爱 PHP";
11:             $arr["str"]="string";
12:              for($i=0;$i<count($arr);$i++)
13:               {
14:                  $print=each($arr);
15:                  echo "$print[value]<br>";
16:               }
17:      ?>
18:    </BODY>
19:  </HTML>
```

其运行结果与程序 4-8.php 相同。

当然，还可以采用下面的更为简洁的方法赋值。

```
<!--文件 4-10.php:数组元素简洁赋值-->
1:   <HTML>
2:     <HEAD>
3:        <TITLE>数组元素简洁赋值</TITLE>
4:     </HEAD>
5:     <BODY>
6:        <?php
7:           $arr=array(6,6.666e2,"我爱 PHP","string");
8:           for($i=0;$i<4;$i++)
9:           {
10:                echo $arr[$i]."<br>";
11:           }
12:        ?>
13:  </BODY>
14:    </HTML>
```

使用上面这种简洁方式给数组赋值时，数组的默认下标为 0、1、2、3。程序 4-10 的运行结果与程序 4-8.php 的运行结果相同。

PHP 中多维数组与一维数组的区别在于多维数组有两个或多个下标，其用法基本是一样的。程序 4-11 就是采用逐一给二维数组元素赋值的方法来创建和使用二维数组的。

```
1:   <!--文件 4-11.php:多维数组的逐一赋值法-->
2:   <HTML>
3:     <HEAD>
4:        <TITLE>多维数组的逐一赋值</TITLE>
5:   </HEAD>
6:   <BODY>
7:        <?php
```

```
 8:                    $arr[0][0]=6;
 9:                    $arr[0][1]=6.666e2;
10:                    $arr[1][0]= "我爱 PHP";
11:                    $arr[1]["str"]="string";
12:                    for($i =0;$i<count($arr);$i++)
13:                    {
14:                         for($j = 0;$j<count($arr[$i]);$j++)
15:                         {
16:                              $print=each($arr[$i]);
17:                              echo "$print[value]<br>";
18:                         }
19:                    }
20:             ?>
21:      </BODY>
22:</HTML>
```

其运行结果与程序 4-8.php 运行结果相同。

还可以使用层次更明显、更容易理解和接受的多维数组赋值方式：嵌套的 array()函数方式来创建 PHP 数组并给数组元素赋值，如程序 4-12 所示。

```
 1:  <!--文件 4-12.php:用嵌套的 array()函数创建 PHP 数组-->
 2:  <HTML>
 3:  <HEAD>
 4:  <TITLE>用嵌套 array()函数创建 PHP 数组</TITLE>
 5:  </HEAD>
 6:  <BODY>
 7:  <?php
 8:     $arr=array
 9:       (
10:                0=>array
11:           (
12:               0=>6,
13:               2=>6.666e2,
14:           ),              //此处应该是"，"，而不是"；"
15:                1=>array
16:           (
17:               0=>"我爱 PHP",
18:            "str"=>"string"
19:             )
20:            );
21:          for($i =0;$i<count($arr);$i++)
22:          {
23:               for($j = 0;$j<count($arr[$i]);$j++)
24:               {
25:                    $print=each($arr[$i]);
26:                    echo "$print[value]<br>";
27:               }
28:          }
29:        ?>
30:     </BODY>
31: </HTML>
```

其运行结果与程序 4-8.php 运行结果相同。

6. 对象（object）

object 为对象类型变量，是类的具体化实例，第 4 章会对其进行详细讲解。

7. 资源（resource）

资源是一种特殊变量，其中保存了到外部资源的一个引用。资源是通过专门的函数来建立和使用的。资源类型变量保存了打开文件、数据库连接、图形画布区域等的特殊句柄，在后面的章节中会陆续学习到。

8. NULL

NULL 类型只有一个值，就是大小写敏感的关键字 NULL，表示一个变量没有值。

在下列情况下一个变量的值被认为是 NULL。

（1）被赋值为 NULL。

（2）尚未被赋值。

（3）被 unset()（销毁指定的变量）。

提示

在 PHP 中除了上面提到的 8 种类型外，还有 3 种伪类型：mixed、number、callback。

4.3.3.2 变量类型转换

前面已经提到过，PHP 的变量属于松散的数据类型，也就是说 PHP 在变量定义时不需要（或不支持）类型定义，变量的类型是根据使用该变量的上下文所决定的。如果把一个字符串值赋给变量 var，var 就成了一个字符串；如果又把一个整型值赋给 var，那它就成了一个整数。

在 PHP 中是怎样处理不同类型变量间的相互转换？PHP 提供了两种类型转换的方法：自动类型转换和强制类型转换。

PHP 的自动类型转换的一个例子是加号"+"。如果任何一个运算数是浮点数，则所有的运算数都被当成浮点数，结果也是浮点数。否则运算数会被解释为整数，结果也是整数。请注意，这并没有改变这些运算数本身的类型，改变的仅是这些运算数如何被求值。也就是说，自动类型转换并不能改变变量本身的数据类型，改变的仅仅是变量作为运算数时被求值的方式。

PHP 中的强制类型转换和 C 中的强制类型转换相似：在要转换的变量之前加上用括号括起来的目标类型。允许的强制转换如下：

（int）或（integer）：转换成整型。

（bool）或（boolean）：转换成布尔型。

（float）、（double）或（real）：转换成浮点型。

（string）：转换成字符串。

（array）：转换成数组。

（object）：转换成对象。

其使用方法为：

（int）$变量名或（integer）$变量名

为了便于理解，现举例如下：

```
1:   <!--文件 4-13.php:变量类型转换-->
2:   <HTML>
3:       <HEAD>
4:        <TITLE>变量类型转换</TITLE>
5:       </HEAD>
6:       <BODY>
7:       <?php
8:           $var1 = "0";                        //$var1 是一个字符串
9:           echo $var1."<br>";
10:          $var2 =$var1 + 2;                    //$var2 是一个整数
11:          echo $var2."<br>";
12:          $var3 = $var2 + 1.3;                 //$var3 是一个浮点数
13:          echo $var3."<br>";
14:          $var4 = 5 + "10 PHP 5.2";            //整数与字符串相加结果为整数
15:          echo $var4."<br>";
16:          $var5 = 5 + "PHP 5.2";               //整数与字符串相加结果为整数
17:          echo $var5."<br>";
18:          $var6 =(bool)-2;
                            //-1 和其他非零值(不论正负)转换成布尔型,都被认为是 TRUE!
19:          echo $var6."<br>";
20:          $var7 = 10/3;
21:          echo $var7."<br>";
22:          $var8 =(int)$var7;                   //强制转换为整数
23:          echo $var8."<br>";
24:          $var9=1.3e5;
25:          $var10 =(float)$var9;                //强制转换为浮点数
26:          echo $var10."<br>";
27:          $var11 =(string)$var3;
28:          echo "\$var11 的类型为:".gettype($var11)."<br>";
                                      //gettype()为获取变量类型的函数
29:          ?>
30:      </BODY>
31:  </HTML>
```

程序 4-13.php 运行结果如图 4-9 所示。

4-13.php 中仅举例说明了部分类型转换，转换为布尔值时需要注意以下几点。

当转换为 boolean 时，以下值被认为是 FALSE。

（1）布尔值 FALSE。

（2）整型值 0（零）。

（3）浮点型值 0.0（零）。

（4）空白字符串和字符串"0"。

（5）没有成员变量的数组。

（6）没有单元的对象（仅适用于 PHP 4）。

（7）特殊类型 NULL（包括尚未设定的变量）。

图 4-9　程序 4-13.php 的运行结果

所有其他值都被认为是 TRUE（包括任何资源）。值得注意的是，-1 和其他非零值（不论正负）一样，被认为是 TRUE！在求表达式的值和条件判断时一定要注意这点！

4.3.3.3 "变量的变量"

"变量的变量"是指在变量的名称中含有其他变量的一类变量。其实"变量的变量"这个名称并不太准确，有的地方也称为可变变量或动态变量。也就是说，通过"变量的变量"可以实现动态地设置和使用一个变量的变量名。通过程序 4-14.php 就很容易理解它的使用方法。

```
1:    <!--文件 4-14.php:变量的变量-->
2:    <HTML>
3:        <HEAD>
4:            <TITLE>变量的变量</TITLE>
5:        </HEAD>
6:        <BODY>
7:        <?php
8:          $var = 'hello';
9:          $$var = ' world!';                //定义变量的变量
10:         echo $var.${$var}."<br>";        //输出变量的变量
11:         echo $var.$hello;                //输出变量的变量
12:        ?>
13:        </BODY>
14:   </HTML>
```

程序 4-14.php 的运行结果如图 4-10 所示。

图 4-10　程序 4-14.php 的运行结果

从程序中不难发现定义变量的方法，如第 9 行所示输出或使用变量的变量的方法有两种，如第 10 行和 11 行，而且这两方法的效果是一样的。

> **提示**
>
> 　要将"变量的变量"用于数组，必须解决一个模棱两可的问题：当写下$$a[1]时，解析器需要知道是想要$a[1]作为一个变量呢，还是想要$$a 作为一个变量并取出该变量中索引为[1]的值。解决此问题的语法是，对第一种情况使用${$a[1]}，对第二种情况使用${$a}[1]。

4.3.3.4 引用变量

PHP 支持引用变量，这是从 C++语言中借用而来的。对一个变量进行引用产生新变量后，新变量可以看作是原变量的一个别名，改变其中任何一个的值，两个变量的值都会发生改变。使用引用变量的方法是赋值时在右边变量前加"&"符号，如程序 4-15.pnp 所示。

```
1:   <!--文件 4-15.php:引用变量-->
2:   <HTML>
3:       <HEAD>
4:           <TITLE>引用变量</TITLE>
```

```
 5:    </HEAD>
 6:    <BODY>
 7:        <?php
 8:                $int1=8;
 9:                $int2=&$int1;
10:                $int2++;
11:                echo $int1;
12:        ?>
13:    </BODY>
14: </HTML>
```

程序 4-15.php 的运行效果如图 4-11
所示。

引用变量在进行赋值时，系统让新
变量和原变量共用一个地址，并没有变
量复制的操作，所以速度非常快。如果

图 4-11　程序 4-15.php 的运行结果

参数是大数组或对象，使用引用变量进行参数传递能节省内存并加快程序运行速度。不过其
副作用就是引用值改变，原变量也会发生改变，因此是否能使用引用变量进行参数传递要视
具体情况而定。

4.3.4　运算符和表达式

4.3.4.1　PHP 的运算符

PHP 的运算符大部分是从 C 语言中借用而来的，分为以下几类。

算术运算符：+、-、*、/、%、++、--

字符串运算符：.

赋值运算符：=、+=、-=、*=、/=、%=、.=

位运算符：& 、| 、^ 、<< 、>> 、~

逻辑运算符：&&（And）、||（Or）、xor（Xor）、!（Not）

比较运算符：<、>、<=、>=、==、===、!=

其他运算符：$、&、@、->、=>、?:

下面就详细讲解各类运算符。

1．算术运算符号

算术运算符是用来处理四则运算的符号，这是最简单、也最常用的符号，尤其是数字的
处理，几乎都会使用到算术运算符号，其具体意义如表 4-3 所示。

表 4-3　　　　　　　　　　　　　　　　算数运算符及其意义

符　号	意　义	符　号	意　义
+	加法运算	%	取余数
—	减法运算	++	自加
*	乘法运算	--	自减
/	除法运算		

63

程序 4-16.php 为算术运算符的使用示例。

```
1:    <!--文件 4-16.php:算术运算符的应用-->
2:    <HTML>
3:    <HEAD>
4:         <TITLE>算术运算符的应用</TITLE>
5:    </HEAD>
6:    <BODY>
7:         <?php
8:            $a=10;
9:            $b=3;
10:               echo $a."+".$b."=";
11:               echo $a+$b."<br>";
12:               echo $a."-".$b."=";
13:               echo $a-$b."<br>";
14:               echo $a."*".$b."=";
15:               echo $a*$b."<br>";
16:               echo $a."/".$b."=";
17:               echo $a/$b."<br>";
18:               echo $a."%".$b."=";
19:               echo $a%$b."<br>";
20:               echo $a."++ ";
21:               echo $a++."<br>";
22:               $a=10;
23:               echo "++".$a."=";
24:               echo ++$a."<br>";
25:               $a=10;
26:               echo $a."--=";
27:               echo $a--."<br>";
28:               $a=10;
29:               echo "--".$a."=";
30:               echo --$a."<br>";
31:               $c="b";
32:               echo "\"b\"++=";
33:               $c++;
34:               echo "\"".$c."\"<br>";
35:         ?>
36:    </BODY>
37:    </HTML>
```

图 4-12　程序 4-16.php 的运行结果

程序 4-16.php 的运行结果如图 4-12 所示。

提示 --

在 PHP 中进行除法运算时，两个整数相除得到的是商的整数部分，两个实数相除得到的是实数。另外，在 PHP 中字符也可以进行自增运算，这样就可做成选择题的 a、b、c、d 选项序号。

----

2. 字符串运算符

字符串运算符只有一个，就是英文的句号 "."。它可以将字符串连接起来，变成合并的新字符串，也可以将字符串与数字连接，这时类型会自动转换，具体用法如程序 4-17.php

所示。

```
1:   <!--文件 4-17.php:字符串运算符的应用-->
2:   <HTML>
3:   <HEAD>
4:       <TITLE>字符串运算符的应用</TITLE>
5:   </HEAD>
6:   <BODY>
7:       <?php
8:               $int1=4;
9:               $int2=0;
10:              $str1="PHP 5";
11:              $str2="功能强大";
12:              echo $str1.".".$int1.".".$int2.$str2." ==>我爱 PHP 5";
13:      ?>
14:  </BODY>
15:  </HTML>
```

程序 4-17.php 的运行结果如图 4-17 所示。

图 4-13   程序 4-17.php 的运行结果

3. 赋值运算符

赋值运算符的具体含义如表 4-4 所示。

表 4-4   赋值运算符及其含义

符　号	含　义
=	将右边的值赋给左边的变量
+=	将左边的值加上右边的值赋给左边的变量
-=	将左边的值减去右边的值赋给左边的变量
*=	将左边的值乘以右边的值赋给左边的变量
/=	将左边的值除以右边的值赋给左边的变量
%=	将左边的值对右边取余数赋给左边的变量
.=	将左边的字符串连接到右边

例如，"$a+=$b" 等价于 "$a=$a+$b"，其他赋值运算的等价关系可依次类推。赋值运算可以让程序更精简，增加程序的执行效率。

4. 位运算符

PHP 中的位运算符有 6 个，常用于二进制的运算场合，其具体含义如表 4-5 所示。

表 4-5   位运算符及其含义

符　　号	含　　义	符　　号	含　　义
&	按位与	<<	按位左移
|	按位或	>>	按位右移
^	按位异或	~	按位取反

其中"～"是单目运算符，其他的都是双目运算符。与、或、异或和取反运算的运算规则如下：

0&0=0   0&1=0   1&0=0   1&1=1   （与：有假就假，都真才真）
0|0=0   0|1=1   1|0=1   1|1=1   （或：有真就真，都假才假）
0^0=0   0^1=1   1^0=1   1^1=0   （异或：相等为假，不等为真）
～0=1   ～1=0

提示

在对十进制进行位运算时要先转为二进制，然后按上述规则进行计算。

5. 逻辑运算符

逻辑运算通常用来测试值的真假。逻辑运算经常用在条件判断和循环处理中，在条件判断中用来判断条件是否满足，在循环中用来判断是否该结束循环或继续执行循环体。逻辑运算符的具体含义如表 4-6 所示。

表 4-6   逻辑运算符及其含义

符　　号	含　　义	符　　号	含　　义
&&（and）	逻辑与	xor	逻辑异或
||（or）	逻辑或	!	逻辑非

逻辑运算的真值表如表 4-7 所示。

表 4-7   逻辑运算的真值表

$x	$y	$x && $y	$x || $y	$x xor $y	!$x
0	0	0	0	0	1
0	1	0	1	1	1
1	0	0	1	1	0
1	1	1	1	0	0

提示

不要将逻辑与、或、非（&&、||、!）同按位与、或、取反（&、|、～）相混淆。

6. 比较运算符

比较运算符和逻辑运算符的用法差不多，通过比较大小来测试值的真假，经常用在条件判断和循环处理中，在条件判断中用来判断条件是否满足，在循环中用来判断是否该结束循环或继续执行循环体。比较运算符的具体含义如表 4-8 所示。

表 4-8 比较运算符及其含义

符　号	含　义	符　号	含　义
<	小于	==	等于（不包括类型）
>	大于	===	完全相等（包括类型）
<=	小于或等于	!=	不等于
>=	大于或等于		

提示

"==="为 PHP 4 中新增的比较运算符，用于类型判断。例如："3"===3 的值为假。
其他的比较运算符和 C 语言的基本一致，这里就不再多说了。

7. 其他运算符

除了上述运算符号之外，还有一些难以归类的、用于其他用途的运算符，其具体含义如表 4-9 所示。

表 4-9 其他运算符及其含义

符　号	含　义	符　号	含　义
$	用于定义变量	->	引用对象的方法或者属性
&	变量的地址（加在变量前引用变量）	=>	用于给数组元素赋值
@	屏蔽错误信息（加在函数前）	?:	三目运算符，条件表达式

其中比较特殊的是三目运算符"?:"，例如：

```
(expr1)?(expr2):(expr3);
```

表示如果 expr1 的运算结果为 true，则执行 expr2；否则执行 expr3。实际上它与 if...else 语句类似，但可以让程序更为精简和高效。

此外，还有用于新对象的定义符 new、用于数组下标引用的方括号"[]"、表示结合性的大括号"{}"等。

提示

PHP 中的运算符是十分丰富的，而且使用起来也很灵活，要多上机实践练习！

4.3.4.2 运算符的优先级与结合性

运算符的优先级指定了两个表达式绑定得有多"紧密"。例如，表达式 1+5*3 的结果是 16 而不是 18，这是因为乘号（"*"）的优先级比加号（"+"）高。必要时可以用括号来强制改变优先级，例如：(1+5)*3 的值为 18。如果运算符优先级相同，则按从左到右的顺序。

表 4-10 按优先级从高到低列出了所有的运算符。同一行中的运算符具有相同的优先级，此时它们的结合方向决定求值顺序。

表 4-10 运算符的优先级与结合性

优先级	结合方向	运　算　符	附加信息
1（最高）	非结合	New	new

优先级	结合方向	运 算 符	附加信息
2	自左向右	[ ]	array()
3	非结合	++ --	自增/自减运算符
4	非结合	! ~ -（int）（float）（string）（array）（object）	类型转换
5	自左向右	*/%	算术运算符
6	自左向右	+ - .	算术运算符和字符串运算符
7	自左向右	<< >>	位运算符
8	非结合	< <= > >=	比较运算符
9	非结合	== != === !==	比较运算符
10	自左向右	&	位运算符和引用
11	自左向右	^	位运算符
12	自左向右	|	位运算符
13	自左向右	&&	逻辑运算符
14	自左向右	||	逻辑运算符
15	自左向右	? :	条件运算符
16	自右向左	= += -= *= /= .= %= &= |= ^= <<= >>=	赋值运算符
17	自左向右	and	逻辑运算符
18	自左向右	xor	逻辑运算符
19	自左向右	or	逻辑运算符
20	自左向右	'	多处用到

4.3.4.3 表达式

表达式就是由操作数、操作符及括号等所组成的合法序列。简单地说，PHP 中的常量或变量通过运算符连接后就形成了表达式，如 "$a=1" 为一个表达式。表达式也有值，如表达式 "$a=1" 的值就是 1。

根据表达式中运算符类型的不同又可以把表达式分为：算术表达式、字符串连接表达式、赋值表达式、位运算表达式、逻辑表达式、比较表达式等。

比较表达式和逻辑表达式是常见的表达式，这种表达式的值只能是真或假，在程序的流程控制中，会大量使用这两种表达式。

提示

　　"$a=1" 为表达式，"$a=1;" 则为一条语句。一定要分清楚！

4.3.5 流程控制语句

几乎在所有的编程语言中，程序都由三种基本的结构组成，即顺序结构、分支结构和循环结构。

程序是由若干语句组成的，如果程序中语句的执行顺序是从上到下依次逐句执行的，那么这个程序的结构就是顺序结构，在这种结构中没有分支和反复，这也是最简单、最常见的流程结构，这里就不再过多地讨论。

PHP 中提供了四条流程控制语句来实现分支结构和循环结构。

（1）if…else…　　　条件语句

（2）switch　　　　分支选择语句

（3）do…while…　　循环语句

（4）for　　　　　　循环语句

此外 PHP 还提供了 break 语句和 continue 语句，用以跳出分支结构或循环结构，下面对这些语句逐一进行详细的介绍。

4.3.5.1　分支控制语句

一、if…else…语句

if…else…语句共有三种基本结构，此外每种基本结构还可以嵌套另外两种结构，而且还允许多级嵌套。

1. 只有 if 的语句

这种结构可以当作单纯的判断，可解释成"若某条件成立则去做什么事情"，其语法如下：

```
if(expr){
        statement
}
```

其中的 expr 为判断的条件表达式，通常都为比较表达式或逻辑表达式，而 statement 表示符合条件时执行的语句，若 statement 所代表的语句只有一行，可以省略大括号{}。如果 expr 为真，则执行 statement 语句或语句体。

2. if…else…语句

这种结构可解释成"若某条件成立则去做什么事情，否则去做另一件事情"，其语法如下：

```
if(expr){
        statement1
}else{
        statement2
}
```

如果 expr 为真，则执行 statement1 语句或语句体，否则执行 statement2 语句或语句体。

3. 包含 else if 的语句

前面的两种分支结构只能实现二路分支，用包含 else if 的语句则可以实现多路分支，其语法如下：

```
if(expr1){
        statement1
}
else if(expr2){
        statement2
}
else if…
else{
        statementn
}
```

当 expr1 为真时，执行 statement1 语句或语句体，否则转入 expr2 的判断，如果 expr2 为真，则执行 statement2 语句或语句体，依次类推，如果所有的 expr 表达式都不为真，则执行 statementn 语句或语句体。

程序 4-18.php 为 if…else…语句应用示例.

```
1:   <!--文件 4-18.php:if…else…的应用-->
2:   <HTML>
3:   <HEAD>
4:       <TITLE>if…else…的应用</TITLE>
5:   </HEAD>
6:   <BODY>
7:       <?php
8:           //本程序测试时,请更改测试服务器的系统时间查看效果
9:            echo "今天是:".date("D")."<br>";
10:        if(date("D")=="Sat")
11:            echo "周末了,我们要去狂欢。<br>";
12:        if(date("D")=="Sat"){
13:            echo "再次声明,周末了,我们要去狂欢,好高兴!<br>";
14:         }else{
15:            echo "今天不是周末,我们要学习 PHP 5,多么有意义啊!^_^!!!<br>";
16:         }
17:         if(date("D")=="Sun"){
18:            echo "今天是星期天。";
19:         }
20:         else if(date("D")=="Mon"){
21:            echo "今天是星期一。";
22:         }
23:         else if(date("D")=="Tue"){
24:            echo "今天是星期二。";
25:          }
26:         else if(date("D")=="Wed"){
27:            echo "今天是星期三。";
28:          }
29:         else if(date("D")=="Thu"){
30:             echo "今天是星期四。";
31:           }
32:         else if(date("D")=="Fri"){
33:            echo "今天是星期五。";
34:           }
35:         else{
36:             echo "今天是星期六(只可能是星期六了^_^)。";
37:           }
38:          ?>
39:     </BODY>
40:  </HTML>
```

程序 4-18 中的 date()函数是格式化服务器的时间函数，date（"D"）返回服务器时间的星期时间中的英文的前 3 个字符。当系统时间不为星期六时，其运行结果如图 4-14 所示。

图 4-14　程序 4-18.php 的运行结果

在上述三种基本结构中，如果在 statement 语句体中还有 if…else…语句，就构成 if…else…语句的嵌套。

提示

　　在使用嵌套的 if…else…语句时，一定要注意 else 和 if 的匹配、{和}的匹配。只有 else 语句没有 if 的语句是不合法的。

二、switch 语句

嵌套的 if…else…语句可以处理多分支流程，但使用起来比较繁琐而且也不太清晰，为此 PHP 中又引进了 switch 语句。其语法如下：

```
switch (expr) {
        case expr1:
                statement1;
                break;
        case expr2:
                statement2;
                break;
                :
                :
        default:
                statementN;
                break;
}
```

其中的 expr 为条件，通常是变量名称。而 case 后的 exprN，通常表示变量的值。冒号后则为符合该条件要执行的语句。一定要注意 break 的作用为退出 switch 结构，千万不能省略不写。具体使用如程序 4-19.php 所示。

```
1:  <!--文件 4-19.php:switch 的应用-->
2:  <HTML>
3:    <HEAD>
4:    <TITLE>switch 的应用</TITLE>
5:    </HEAD>
6:    <BODY>
7:  <?php
8:          //本程序测试时，请更改测试服务器的系统时间查看效果
            echo≠"今天是:".date("D")."<br>";
9:        switch(date("D")){
10:        case "Mon":
```

71

```
11:              echo "今天星期一";
12:              break;
13:          case "Tue":
14:              echo "今天星期二";
15:              break;
16:          case "Wed":
17:              echo "今天星期三";
18:              break;
19:          case "Thu":
20:              echo "今天星期四";
21:              break;
22:          case "Fri":
23:              echo "今天星期五";
24:              break;
25:          default:
26:              echo "今天放假";
27:              break;
28:          }
29:       ?>
30: </BODY>
31: </HTML>
```

程序 4-19.php 的运行效果如图 4-15
所示。

通过比较，不难发现例 4-19.php 要
比例 4-18.php 简单一些，最主要的是程序清晰。

图 4-15 程序 4-19.php 的运行结果

提示

在设计 switch 语句时，要将出现几率最大的条件放在最前面，出现几率最小的条件
放在最后面，可以增加程序的执行效率。在程序 4-19.php 中，因为每天出现的几率相同，
所以不用注意条件的顺序。

4.3.5.2 循环控制语句

一、do…while…语句

在 PHP 中，do…while…循环语句有两种结构，一种只有 while…部分，另一种是
do…while…两部分都有。

1. 只有 while…部分的语句

其语法如下：

```
while(expr){
        statement
}
```

2. do…while…两部分都有的语句

其语法如下：

```
do {
        statement
} while(expr);
```

其中的 expr 为判断的条件，通常为逻辑表达式或比较表达式。而 statement 为符合条件的执行部分程序，若程序只有一行，可以省略大括号{}。

两种结构的区别在于：前者是先判断条件再执行语句，后者是先执行语句再判断条件。对于 expr 开始为真的情况，两种结构是没有区别的。如果 expr 开始为假，则前者不执行任何语句就跳出循环，而后者仍要执行一次循环才能跳出循环。

具体使用如程序 4-20.php 所示。

```
1:   <!--文件 4-20.php:do…while…的应用-->
2:   <HTML>
3:   <HEAD>
4:       <TITLE>do…while…的应用</TITLE>
5:   </HEAD>
6:   <BODY>
7:         <?php
8:             //本程序测试时,请将两处$i的初始值改为为 4 后再测试一次
9:             //观察结果,分析区别
10:            $i=1;
11:             while($i<=3){
12:                    print $i++;
13:                    echo ". 以后不敢了<br>\n";
14:            }
15:            echo "第二次……<br>";
16:            $i=1;
17:            do{
18:                    print $i++;
19:                    echo ". 以后不敢了<br>\n";
20:            } while($i<=3)
21:        ?>
22:   </BODY>
23: </HTML>
```

其运行效果如图 4-16 所示。

图 4-16　$i 初值为 1 时，程序 4-20.php 的运行结果　　图 4-17　$i 初值为 4 时，程序 4-20.php 的运行结果

当我们把第 10 行和 16 行更改为"$i=4；"后，其运行效果如图 4-16 所示，这样就不难看出两种循环结构的区别了。

二、for 语句

for 语句仅有单纯的一种，没有其他变化，但同时也是最复杂、功能最强大的循环语句。任何 while 循环和 do…while…循环都可以用 for 循环代替。For 语句的语法如下：

```
for(expr1;expr2;expr3){
```

```
        statement
    }
```

其中 expr1 为条件的初始值，expr2 为判断的条件，通常都是用比较表达式或逻辑表达式作为判断的条件，expr3 为执行 statement 后要执行的部分，即循环步长，可以用来改变条件，供下次的循环判断，如将循环变量加 1、减 1 等。statement 为符合条件后执行的语句或语句体，若 statement 只有一条语句组成，则可以省略大括号{}。

程序的主体部分可以用 for 循环改写如下：

```php
<?php
    for($i=1;$i<=3;$i++){
    echo $i.". 以后不敢了<br>";
    }
?>
```

当然还可以改写成以下几种形式：

```php
<?php
    $i=1;
    for(;$i<=10;$i++){
      echo $i.". 以后不敢了<br>";
    }
?>
```

或

```php
<?php
    for($i=1;;$i++){
        if($i>10)break;          //循环标志结束,跳出循环
        echo $i.". 以后不敢了<br>";
      }
?>
```

或

```php
<?php
    for($i=1;$i<=10;){
        echo $i.". 以后不敢了<br>";
        $i++;
      }
?>
```

可以明显地看出用 for 语句和用 while 语句的不同。在实际应用中，若循环有初始值，且循环过程中都要累加（或累减），则使用 for 循环比用 while 循环好。

4.3.5.3　break 和 continue 语句

在 switch 和 for 语句的例子中都用到了 break 语句，它的作用就是跳出整个 switch 分支结构或 for 循环结构，执行其下面的语句。而 continue 经常用在 for 或 do…while…循环语句中，表示跳出本次循环，继续进入下一次循环。这也是 break 和 continue 的主要区别，如程序 4-21.php 所示。

```
1:  <!--文件 4-21.php:break/continue 的应用-->
2:  <HTML>
```

```
3:    <HEAD>
4:        <TITLE>break/continue 的应用</TITLE>
5:    </HEAD>
6:    <BODY>
7:            <?php
8:                echo"使用 break 的输出效果:<br>";
9:                $i=0;
10:               while($i<10){
11:               if($i%2==1){
12:                   break;
13:               }
14:        echo $i;
15:        $i++;
16:               }
17:               echo "<br>使用 contine 的输出效果:<br>";
18:               for($i=0;$i<10;$i++){
19:                   if($i%2){
20:                       continue;
21:                   }
22:               echo $i." ";
23:               }
24:           ?>
25:       </BODY>
26: </HTML>
```

程序 4-21.php 运行结果如图 4-18 所示。

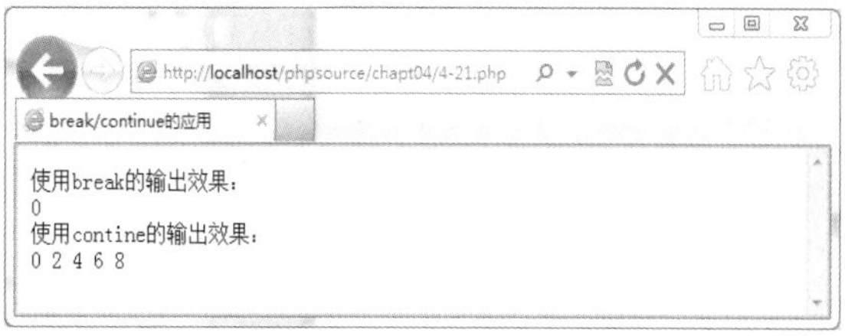

图 4-18 程序 4-21.php 的运行结果

4.3.6 自定义函数

在程序的编写过程中往往会有一些要反复用到的功能模块，如果每次都要重复编写这些代码，不仅浪费时间，而且还会使程序变得冗长、可读性差，维护起来也很不方便。PHP 允许程序设计者将常用的流程或者变量等，组织成一个固定的格式。也就是说用户可以自行组合函数或者是类。这样在编写好函数或类之后，在使用时就不必关心其中的细节，拿过来就可以用。如果要做功能修改，只需修改函数中的内容即可。下面就来看看自定义函数的定义与使用。

PHP 中的函数分为内置函数和用户自定义函数两大类。有关内置函数的知识将在第 5 章中详细讲解，下面就自定义函数进行讲解。

4.3.6.1 函数的定义与调用

PHP 中的函数与 C 语言中的函数类似。函数定义的语法为：

```
function 函数名(形式参数列表){
        函数体;
        return 返回值;
}
```

PHP 中的函数可以有返回值，也可以没有返回值。在函数的名称上，PHP 对于大小写的管理比较松散。可以在定义函数时写成大写的名字，而在使用时使用小写的名字。然而，PHP 对用户自定义函数的函数名也有一些具体要求。

（1）不能与 PHP 的内部函数同名。

（2）不能与 PHP 的关键字重名。

（3）不能以数字或下划线开头。

（4）不能包含点号"."和中文字符。

函数体是实现函数功能的语句体。函数体中即使只有一条语句，外面的大括号也不能省略。

函数调用的语法为：

函数名（实际参数列表）；

实际参数列表要与形式参数列表相对应（有默认参数时，实际参数还要与默认参数对应）。如果实际参数比形式参数多，多余的参数会被自动舍弃；如果实际参数比形式参数少，实际参数会被一一填入形式参数中，不足部分以空参数代替。实际参数和形式参数之间的传递机制会在 3.6.2 节中详细讲述。

如果函数有返回值，还可以利用函数调用为变量赋值，其语法为：

变量=函数名（实际参数列表）；

程序 4-22.php 函数的定义和调用的示例。

```
1:  <!--文件 4-22.php:函数的定义和调用=>求阶乘-->
2:  <HTML>
3:  <HEAD>
4:      <TITLE>函数的定义和调用=>求阶乘</TITLE>
5:  </HEAD>
6:  <BODY>
7:      <?php
8:          function factorial($n)
9:          {
10:             $result=1;
11:             for($i=2;$i<=$n;$i++)
12:                 $result*= $i;
13:             return $result;
14:         }
15:         for($i=1;$i<=6;$i++)
16:         {
17:         $num=factorial($i);
18:         echo $i."!=".$num."<br>";
19:         }
20:     ?>
21:     </BODY>
22: </HTML>
```

程序 4-22.php 的运行结果如图 4-19 所示。

4.3.6.2 参数传递

在调用函数时，要填入与函数形式参数个数相同的实际参数（有默认

图 4-19 程序 4-22.php 的运行结果

参数的除外），在程序运行过程中，实际参数就会传递给相应的形式参数，然后在函数中实现对数据的处理和返回。实际参数向形式参数传递的过程中，共有值传递、引用传递、默认参

数三种机制。

1. 值传递

值传递就是将实际参数的值复制到形式参数中，然后使用形式参数在函数内部进行运算，函数调用结束后，实际参数的值不会发生改变。

用这种方式调用的函数一般都有返回值或输出值，否则函数调用没有实际意义。程序 4-22.php 中就使用了这种传递方式。

2. 引用传递

如果要实现形式参数改变时实际参数也发生相应的改变，就要使用引用传递的方式。参数的引用传递的使用方法为，在定义函数时，在形式参数前面加上"&"符号，如：

```php
function fun(&$var1){……}
```

如果形式参数$var1 的值在函数中发生改变，实际参数$var2 的值也会发生相应的改变。

3. 默认参数

PHP 还支持有默认值的参数，即定义函数时可以为一个或多个形式参数指定默认值。

程序 4-23.php 为函数的参数传递的三种方式举例。

```
1: <!--文件 4-23.php:函数参数的传递-->
2: <HTML>
3:  <HEAD>
4:     <TITLE>函数参数的传递</TITLE>
5:  </HEAD>
6:  <BODY>
7:     <?php
8:         function myfun1($var1)
9:         {    //值传递测试函数
10:              $var1=88;
11:         }
12:          function myfun2(&$var1)
13:         {    //第一种引用传递测试函数
14:              $var1=88;
15:         }
16:          function myfun3($string,$color="red")
17:         {    //默认参数传递测试函数
18:              echo "<font color=".$color.">".$string."</font>";
19:          }
20:          $var1=66;
21:          $string="这是红色字体!";
22:          echo "初始值:\$var=".$var1."<br>";
23:          myfun1($var1);
24:          echo "值传递结束后:\$var=".$var1."<br>";
25:          myfun2($var1);
26:          echo "引用传递结束后:\$var=".$var1."<br>";
27:          echo "默认参数的效果为:";
28:          @myfun3($string);
29:      ?>
30: </BODY>
```

```
31:</HTML>
```

程序 4-23.php 的运行结果如图 4-20 所示。

图 4-20　程序 4-23.php 的运行结果

4.3.6.3　变量函数

PHP 支持变量函数的概念，可以方便地利用变量实现对函数的调用。使用的基本格式为：

```
function fun(){……}
$var="fun";
$var();
```

其中$var(); 就相当于调用函数 fun()，$var()为可变函数。可变函数与普通函数调用时的最大区别就在于可变函数前面有"$"；有此符号，系统就会认为是可变函数。

提示

　　如果写成$var=" fun()"，则 "$var" 只是一个普通的字符串而已，此时再调用语句 "$var;" 不会实现 fun()函数的功能。

程序 4-24.php 为变量函数的示例。

```
1:  <!--文件 4-24.php:变量函数-->
2:  <HTML>
3:  <HEAD>
4:      <TITLE>变量函数</TITLE>
5:  </HEAD>
6:  <BODY>
7:      <?php
8:          function myfun()
9:          {
10:                  return "变量函数执行成功!";
11:          }
12:          $var="myfun";
13:          echo $var();
14:          echo "<br>";
15:          $var="myfun()";
16:          echo $var;
17:      ?>
18: </BODY>
19: </HTML>
```

程序 4-24.php 的运行结果如图 4-21 所示。

图 4-21　程序 4-24.php 的运行结果

4.3.7　变量的作用域

PHP 中的变量按其作用域的不同可以分为若干种类，如局部变量、全局变量、静态变量、动态变量、引用变量、预定义变量、外部变量等，其中引用变量已经讲过了，下面对前四种变量进行详细讲解。

4.3.7.1　局部变量与全局变量

PHP 中的变量是有作用范围的，一般情况下，变量的作用域是包含变量的 PHP 程序块，也就是"<?php"和"?>"之间的代码或者"{"、"}"之间的代码。如果其中还有 include()或 require()函数包含的文件，变量的作用域也可以扩展到这些文件里。

在主程序中定义的变量只在主程序中有效，在函数中定义的变量只在函数中有效，在函数之外就无效了。

如果要在函数中引用主程序中的变量值，要使用 PHP 定义的 $GLOBALS 数组。$GLOBALS 数组是一个以变量名为下标的数组，可以直接调用。

还有一种实现跨域调用功能的方法，即使用全局变量，值得注意的是，PHP 中的全局变量并不是对整个程序都可见，在主程序中可以访问函数中的全局变量，但是在函数中并不能访问主程序的全局变量。其定义的语法为：

```
global  $变量名；
```

只要将变量定义为全局变量，以后访问这个变量时就不需要使用$GLOBALS 数组了。程序 4-25.php 为全局变量和局部变量使用示例。

```
1:  <!--文件 4-25.php:局部变量和全局变量-->
2:  <HTML>
3:    <HEAD>
4:        <TITLE>局部变量和全局变量</TITLE>
5:    </HEAD>
6:    <BODY>
7:        <?php
8:            $var1=6;      //定义一个局部变量
9:            echo "定义局部变量\$var=".$var1;
10:           include("a.php");
11:           function myfun1(){
12:               echo "<br>在 myfun1()函数中输出局部变量";
13:               echo "\$var1=".$var1;
14:               }
15:           myfun1();
16:           function myfun2(){
17:               echo "<br>在 myfun2()函数中输出局部变量";
```

```
18:                    echo "\$var1=".$GLOBALS["var1"];
19:                        }
20:                myfun2();
21:                global $var2;
22:                $var2=8;
23:                function myfun3(){
24:                    global $var3;
25:                    $var3=9;
26:                    echo "<br>在myfun3()函数中输出全局变量";
27:                    echo "\$var2=".$var2;
28:                    echo " \$var3=".$var3;
29:                        }
30:                myfun3();
31:                echo "<br>在函数外输出全局变量";
32:                echo "\$var2=".$var2;
33:                echo " \$var3=".$var3;
34:            ?>
35:        </BODY>
36:</HTML>
```

被包含的 **a.php** 代码如下：

```
1: <!--文件a.php:文件4-25.php所包含的文件-->
2: <?php
3:     echo "<br>在a.php中输出\$var的值";
4:     echo "\$var1=".$var1;
5:     echo "<br>在a.php中的函数中输出\$var的值";
6:     function myfun4(){
7:         echo "\$var1=".$var1;
8:     }
9: ?>
```

程序 **4-25.php** 的运行结果如图 4-22 所示。

图 4-22　程序 4-25.php 的运行结果

提示

　　在 PHP 函数中使用$GLOBALS 数组，和在 4.3.6.2 节中讲到的参数传递有异曲同工之效。为了防止程序中变量的混乱，建议尽量不要使用全局变量，至少应尽可能少使用全局变量。

4.3.7.2　静态变量和动态变量

静态变量只能用于函数范围内，它与普通局部变量不同之处在于：当该函数运行结束时，静态变量不会丢失自己的值。静态变量的定义方法为在变量名前加"static"关键字。

PHP 中的动态变量允许一个变量的值作为另一个变量的变量名，前提条件是这个值要符合变量的命名规则。其实就是前面学习过的"变量的变量"，之所以在此处再拿出来讲解，是为了与静态变量相对应。

程序 4-26.php 为静态变量和动态变量示例。

```
 1:  <!--文件 4-26.php:静态变量与动态变量-->
 2:  <HTML>
 3:      <HEAD>
 4:          <TITLE>静态变量与动态变量</TITLE>
 5:      </HEAD>
 6:      <BODY>
 7:          <?php
 8:          function fun1()
 9:          {
10:              $int1=0;                   //定义普通变量
11:              echo $int1." ";
12:              $int1++;
13:          }
14:          fun1();                        //输出 0
15:          fun1();                        //输出还是 0
16:          echo "<br>*************<br>";
17:          function fun2()
18:          {
19:              static $int2=0;            //定义静态变量
20:              echo $int2." ";
21:              $int2++;
22:          }
23:          fun2();                        //输出 0
24:          fun2();                        //输出 1
25:          echo "<br>*************<br>";
26:          $int=6;
27:          $var="int";
28:          echo $$var;                    //输出动态变量
29:          $$var=8;
30          echo " ".$int;
31:      ?>
32:  </BODY>
33:</HTML>
```

程序 4-26.php 的运行结果如图 4-23 所示。

图 4-23　程序 4-26.php 的运行结果

通过程序 4-26.php 不难看出静态变量与普通变量的区别，在函数 fun2()中静态变量$int2 只被初始化了一次，在该函数退出时$int2 的值不会丢失，所以反复调用函数 fun2()时，$int2 的值会累加。

提示

静态变量虽然在函数结束时值不会丢失，但其作用域只在本函数中，在函数之外仍然无效。动态变量（变量的变量）的实现思想与 4.3.6.3 节变量函数的思想相吻合。

4.4 独立探索

用函数递归实现阶乘运算和斐波那契数列。

4.5 项目确定

把本项目的静态网页更改成 PHP 文件，并利用文件包含的思想把相关文件模块化。

4.6 协作学习

1. 独立完成 4.5 中的任务，写出具体的完成情况。
2. 与同组的同学交换检查是否正确或有遗漏，若有错误写出错误原因。
3. 若还讨论了其他问题，请写出题目及讨论的结果。

4.7 学 习 评 价

分数：_____

学习评价共分为三部分：自我评价、同学评价、教师评价，分值分别为：30、30、40 分。

评价项目	分数	评 价 内 容
自我评价		
同学评价		签名：_____
教师评价		签名：_____

子项目五 PHP 操作数据库

5.1 情 景 设 置

在子项目一中，我们分析了多用户博客系统的用户、功能及较为详细的功能流程。

在子项目二中，我们为多用户博客系统的开发搭建好了所需要的服务环境。

在子项目三中，我们搭建好了项目要存储信息的数据平台。

在子项目四中，我们学习并掌握了在 HTML 中如何嵌入 PHP 及 PHP 相关的基础知识。

那么，我们要学会如何使用 PHP 与数据库进行数据交换。也就是如何使用 PHP 程序向 MySQL 数据库中写入数据、读出数据等。本子项目的任务就是要解决如何使用 PHP 操作 MySQL 数据库，并实现读出数据的分页技巧。

另外，为了能够更加方便地与数据库进行数据交互，同时也为了增强程序的可移植性，我们要利用 PHP 面向对象的相关思想和知识编写相关的类库。

5.2 知 识 链 接

（1）链接数据库前的准备工作；

（2）PHP 操作 MySQL 数据库的流程；

（3）PHP 操作 MySQL 方法详解；

（4）PHP 面向对象概述；

（5）类和对象；

（6）构造函数和析构函数；

（7）类的继承；

（8）覆盖与重载；

（9）self、parent 与∷关键字。

5.3 知 识 讲 解

5.3.1 连接数据库前的准备工作

经过前面的学习，现在终于要迈入 PHP＋MySQL 数据库编程的大门了。在此之前，还有最后一个问题要注意，那就是做好连接数据库前的准备工作，否则可能无法连接成功。

从 PHP 5 开始，PHP 开发者放弃了对 MySQL 的默认支持，而是将它放到了扩展函数库中。因此要使用 MySQL 函数，需要首先开启 MySQL 函数库。

打开 php.ini，找到";extensions=php_mysql.dll"，将此行面前的分号";"去掉，保存之后重新启动 IIS/Apache。此时仍然不能肯定这些函数已经被载入，可以通过 phpinfo()函数来查看。用 phpinfo()函数显示出 PHP 环境配置信息，然后查找里面有没有一个名为"MySQL"的项目。如果能找到，则说明 PHP 已经完全开启了对 MySQL 的支持，可以在程序中直接调用 MySQL 数据库了，如图 5-1 所示。

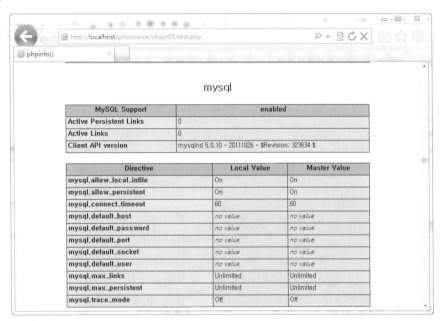

图 5-1　开启 MySQL 函数库

如果此时 phpinfo()程序仍然显示不出 mysql 的信息，说明配置还没有成功。除了继续检查上一步修改是否正确以外，还可以把 PHP 安装目录下的 libmysql.dll 库文件直接复制到系统的 system 目录或者 system32 目录下。复制之后再重新启动 IIS/Apache，这时再次运行 phpinfo()程序，看是否出现了 mysql 信息。一般来说，复制 libmysql.dll 是最有把握的一种方法，正常情况下一定可以成功。

如果反复重复上述步骤，仍然不能成功开启 MySQL 函数库，则有可能是 PHP 安装包不完整，或者机器的软件环境有问题。可以通过正规渠道重新下载 PHP 安装包，并重新配置 PHP，或者整理自己机器的软件环境来解决。

5.3.2　PHP 操作 MySQL 数据库的流程

PHP 是一门 Web 编程语言，而 MySQL 是一款网络数据库系统。二者是目前 Web 开发中最黄金的组合之一。那么 PHP 是如何操作 MySQL 数据库的呢？只有对 PHP 操作 MySQL 数据库的流程有了一个基本了解，才能更加准确地理解 PHP 数据库编程的思路，为后面的学习打下基础。

从根本上来说，PHP 通过预先写好的一些列函数来与 MySQL 数据库进行通信，向数据库发送指令、接收返回数据等都通过函数来完成。图 5-2 给出了一个普通 PHP 程序与 MySQL 进行通信的基本原理示意图。

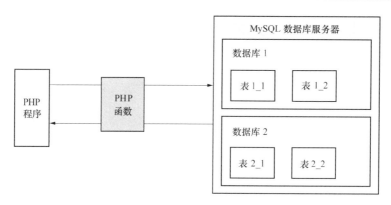

图 5-2　PHP 程序与 MySQL 数据库通信原理示意图

图 5-2 展示了 PHP 程序连接到 MySQL 数据库服务器的原理。可以看出，PHP 通过调用自身的专门用来处理 MySQL 数据库连接的函数，来实现与 MySQL 的通信。在操作过程中，PHP 并不是直接操作数据库中的数据，而是把要执行的操作以 SQL 语句的形式发送给 MySQL 服务器，由 MySQL 服务器执行这些指令，并将结果返回给 PHP 程序。可以将 MySQL 数据库服务器比作一个数据"管家"。其他程序需要这些数据时，只需要向"管家"提出请求，"管家"就会根据要求进行相关的操作或返回相应的数据。

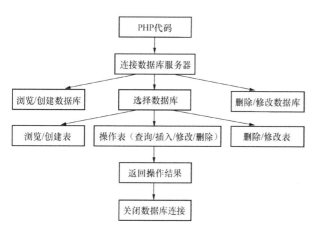

图 5-3　PHP 操作 MySQL 数据库流程

图 5-3 展示了从 PHP 代码到最终取得数据的流程。

明白了 PHP 操作 MySQL 数据库的流程，就很容易掌握 PHP 操作 MySQL 的相关函数。因为流程中的每个步骤，几乎都有相应的函数与之对应。开发 PHP 数据库程序时，只需要按照流程调用相关函数，数据库操作便可轻松实现。

5.3.3　PHP 操作 MySQL 方法详解

5.3.3.1　PHP 提供的 MySQL 操作函数

PHP 提供了大量函数，使用户可以方便地使用 PHP 连接到 MySQL 数据库，并对数据进行操作。学习 PHP＋MySQL 数据库编程，首先要了解这些函数，明确具体的步骤，然后才能进入实质性开发阶段。

PHP 中可以用来操作 MySQL 数据库的函数如表 5-1 所示。

表 5-1　　　　　　　　　　　　　　PHP 的 MySQL 操作函数

函　数　名	功　　能
mysql_affected_rows	取得前一次 MySQL 操作所影响的记录行数

函 数 名	功 能
mysql_change_user	改变活动连接中登录的用户
mysql_client_encoding	返回字符集的名称
mysql_close	关闭 MySQL 连接
mysql_connect	打开一个到 MySQL 服务器的连接
mysql_create_db	新建一个 MySQL 数据库
mysql_data_seek	移动内部结果的指针
mysql_db_name	取得结果数据
mysql_db_query	发送一条 MySQL 查询
mysql_drop_db	丢弃（删除）一个 MySQL 数据库
mysql_errno	返回上一个 MySQL 操作中错误信息的数字编码
mysql_error	返回上一个 MySQL 操作产生的文本错误信息
mysql_fetch_array	从结果集中取得一行作为关联数组或数字数组，或二者兼有
mysql_fetch_assoc	从结果集中取得一行作为关联数组
mysql_fetch_field	从结果集中取得列信息并作为对象返回
mysql_fetch_lengths	取得结果集中每个输出的长度
mysql_fetch_object	从结果集中取得一行作为对象
mysql_fetch_row	从结果集中取得一行作为枚举数组
mysql_field_flags	从结果中取得和指定字段关联的标志
mysql_field_len	返回指定字段的长度
mysql_field_name	取得结果中指定字段的字段名
mysql_field_seek	将结果集中的指针设定为制定的字段偏移量
mysql_field_table	取得指定字段所在的表名
mysql_field_type	取得结果集中指定字段的类型
mysql_free_result	释放结果内存
mysql_get_client_info	取得 MySQL 客户端信息
mysql_get_host_info	取得 MySQL 主机信息
mysql_get_proto_info	取得 MySQL 协议信息
mysql_get_server_info	取得 MySQL 服务器信息
mysql_info	取得最近一条查询的信息
mysql_insert_id	取得上一步 INSERT 操作产生的 ID
mysql_list_dbs	列出 MySQL 服务器中所有的数据库
mysql_list_fields	列出 MySQL 结果中的字段
mysql_list_processes	列出 MySQL 进程
mysql_list_tables	列出 MySQL 数据库中的表
mysql_num_fields	取得结果集中字段的数目

函　数　名	功　　能
mysql_num_rows	取得结果集中行的数目
mysql_pconnect	打开一个到 MySQL 服务器的持久连接
mysql_ping	Ping 一个服务器连接，如果没有连接则重新连接
mysql_query	发送一条 MySQL 查询
mysql_result	取得结果数据
mysql_select_db	选择 MySQL 数据库
mysql_stat	取得当前系统状态
mysql_tablename	取得表名
mysql_thread_id	返回当前线程的 ID

这些函数中，最常用的有 mysql_connect()、mysql_select_db()、mysql_query()、mysql_fetch_array()、mysql_num_rows()、mysql_close()等，下面就着重介绍这几个函数的使用。

5.3.3.2　在 PHP 中操纵 MySQL

1．mysql_connect()函数

根据图 5-3 中的流程，要在 PHP 中操作 MySQL 中的数据，第一步就是连接到数据库服务器，也就是建立一条 PHP 程序到 MySQL 数据库之间的通道。这样 PHP 才能通过这个通道来向 MySQL 服务器发送各种指令，并取得指令执行的结果，将这些结果应用于 PHP 程序中。mysql_connect()函数就是用来建立和 MySQL 数据库的连接的。

mysql_connect()函数有 5 个参数，但是通常情况下只用前 3 个参数，其格式如下：

```
resource mysql_connect(string server,string username,string password)
```

该函数返回类型为 resource 型，即资源型。3 个参数分别为 MySQL 服务器地址、MySQL 用户名、密码。这里的用户名可以用超级管理员的，也可以用用户表中存在的其他用户。下面的语句将用超级管理员身份建立一个到本地服务器的连接：

```
$id=mysql_connect("localhost","root","root");
```

其中"localhost"换成"127.0.0.1"或本地机器的实际 IP 地址，效果都是相同的。另外服务器地址后面可以指定 MySQL 服务的端口号，如果是采用默认的 3306 端口，则不必指定。如果采用了其他端口，则需要指定，如"127.0.0.1:88"表示 MySQL 服务于本地机器的 88 端口。用户名和密码均需指定（如密码为空，则直接用两个引号即可）。

将以上代码写在一个 PHP 程序中，写法如下：

```
<?php
    $id=mysql_connect("localhost","root","root");
    echo $id;
?>
```

此程序运行之后，如果执行成功，则会输出一个资源型变量$id 的编号，类似于"Resource id #2"。如果执行失败，则有多种可能。如果出现下列提示：

```
Fatal error: Call to undefined function mysql_connect in [......]
```

则说明本地服务器的 MySQL 扩展库尚未被载入，因此 PHP 解释器无法识别 MySQL 函数。请参照本章第一节的内容进行重新设置。

如果出现下列提示：

```
Warning: mysql_connect()[function.mysql-connect]: Unknown MySQL server host […]
```

则说明 MySQL 服务器地址错误，可能是输入有错误，或服务器没有启动，或端口号不对。这时可以检查函数的第一个参数是否提供正确，MySQL 是否已成功启动。

还有可能出现下列提示：

```
Warning: mysql_connect()[function.mysql-connect]: Access denied for user […]
```

这说明用户名或密码有错误，或者本账号没有在 MySQL 服务器上登录的权限。

这里之所以如此详细地讲解该函数，就是因为这是连接到 MySQL 数据库的第一步。只要这一步成功了，下面的函数便都能运行。连接到数据库是一切工作的起点，因此必须保证此步骤成功，才能继续下面的内容。

2. mysql_select_db()函数

连接到数据库以后，还不能直接操作某个表，因为表都存储在各个数据库中，需要首先选择要操作的数据库，才能对这个数据库中的表进行操作。mysql_select_db()函数就用来指定操作的数据库。前面的例子中曾在 MySQL 中创建了一个 student 数据库，下面的代码将连接到数据库服务器，并把 student 数据库作为当前要操作的数据库。

```
1:  <!--文件 5-1.php:连接数据库服务器,选择数据库-->
2:  <HTML>
3:    <HEAD>
4:      <TITLE>连接数据库服务器,选择数据库</TITLE>
5:    </HEAD>
6:    <BODY>
7:      <?php
8:        $id=mysql_connect("localhost","root","root");
9:        if($id){
10:           echo "OK,数据库连接成功!<br>";
11:           $ok=mysql_select_db("student",$id);
12:        if($ok){
13:       echo "OK,选择数据库成功!";
14:        }else{
15:       echo "OH,选择数据库失败,请确认数据库是否存在。";
16:        }
17:        }else{
18:           echo "OH,数据库连接失败!请检查服务器地址、用户名和地址是否正确!
                  <br>";
19:        }
20:    ?>
21:    </BODY>
22:  </HTML>
```

本程序第 8 行建立了一个到本地 MySQL 数据库服务器的连接。第 11 行用 mysql_select_db()函数来指定要操作的数据库。函数第一个参数为数据库的名字，第二个参数为应用于哪个连接。第二个参数可以省略，省略时默认使用当前连接。一般来说，此参数可以直接省略。

mysql_select_db()函数返回一个布尔型值。如果执行成功返回 true，失败则返回 false。函数没有任何错误信息提示。因此即使提供的数据库名有错误或数据库不存在，本函数也不会报错。程序将返回结果存放在$ok 中，通过判断$ok 的值来判断是否执行成功。程序 5-1.php 正确执行的效果如图 5-4 所示。

图 5-4　程序 5-1.php 的运行结果

3. mysql_query()函数

连接到数据库服务器，并选择了要操作的数据库之后，下一步就向服务器发送操作指令，也就是 SQL 语句了。第 7 章讲过的 SQL 语句，在这里可以派上用场了。现在来看一个例子，用 PHP 程序在 MySQL 中创建一个数据库 newdata，并在这个数据库中创建一个表 testtable，表的字段可以随意设置几个。

```
 1:  <!--文件 5-2.php:用 PHP 创建新数据库和表-->
 2:  <HTML>
 3:      <HEAD>
 4:          <TITLE>用 PHP 创建新数据库和表</TITLE>
 5:      </HEAD>
 6:      <BODY>
 7:          <?php
 8:              if(!$id=mysql_connect("localhost","root","root")){
 9:                  echo "数据库服务器连接错误!";
10:                  exit;            //如果数据库服务器连接不成功,退出程序执行
11:              }
12:              echo "数据库服务器连接成功!<br>";
13:              if(!mysql_query("CREATE DATABASE newdata",$id)){
14:                  echo"数据库创建不成功,请检查账号权限和数据库是否已经存在!";
15:                  exit;          //如果数据库创建不成功,退出程序执行
16:              }
17:          echo "数据库创建成功!<br>";
18:          if(!mysql_select_db("newdata",$id)){
19:          echo "数据库选择不成功!";
20:          exit;                  //如果数据库选择不成功,退出程序执行
21:          }
22:          echo "数据库选择成功!<br>";
23:              if(!mysql_query("CREATE TABLE testtable(name
    varchar(10),age int(4))",$id)){
24:          echo "数据表创建不成功,请检查 SQL 语句是否正确!";
25:          exit;                  //如果 SQL 执行不成功,退出程序执行
26:          }
27:          echo "数据表创建成功!<br>";
28:          if(mysql_close($id)){
29:          echo "数据服务器连接关闭成功!";
```

```
30:                    }
31:                    ?>
32:            </BODY>
33:        </HTML>
```

本程序正确执行的效果如图 5-5 所示，再次刷新后的执行效果如图 5-6 所示。

图 5-5　程序 5-2.php 正确运行的结果　　　　　图 5-6　程序 5-2.php 第二次运行的结果

程序 5-2.php 的输出结果已经详细说明了创建数据库和数据表的基本步骤，程序中注释也说明了每条语句的作用，这里就不再多说了。如果用 phpMyAdmin 或第 7 章讲过的命令提示符进入 MySQL 控制台，就会发现已经成功创建了一个名为 newdata 的数据库。打开此数据库，可以看到数据库中有一个 testtable 表。这也就是说程序执行的不仅仅是输出结果成功，而是真正的成功。

通过程序可以看出 mysql_query()函数的使用十分简单，只需将一条 SQL 语句作为参数传递过去，即可执行此 SQL 语句。第二个参数$id 在一般情况下同样可以省略。

使用 mysql_query()函数可以向数据库服务器发送任何合法的 SQL 指令（前提是数据库要支持该指令）。程序 5-2.php 只是测试了 CREATE 指令，实际上第 7 章讲的 INSERT、SELECT、UPDATE、DELETE 等指令同样可以用 mysql_query()来执行。下面就利用循环向服务器发送多次 INSERT 指令，向刚才创建的 testtable 表中插入多条记录。

```
1:    <!--文件 5-3.php:用 PHP 向表中插入数据-->
2:    <HTML>
3:        <HEAD>
4:            <TITLE>用 PHP 向表中插入数据</TITLE>
5:        </HEAD>
6:        <BODY>
7:        <?php
8:            $id=mysql_connect("localhost","root","root");
9:            mysql_select_db("newdata",$id);
10:           for($i=1;$i<6;$i++){
11:           $nl=20+$i;
12:           $xm="姓名".$i;
13:           $sql="INSERT INTO testtable VALUES('".$xm."','".$nl.")";
14:           $excu=mysql_query($sql,$id);
15:           if($excu){
16:           echo $sql;
17:           echo "第".$i."条数据插入成功!<br>";
18:           }else{
19:            echo "数据插入失败,错误信息:<br>";
20:            echo mysql_error();     //输出上一次 MySQL 执行的错误信息
```

```
21:              }
22: }
23:     mysql_close($id);
24:     ?>
25: </BODY>
26:     </HTML>
```

为了节省程序代码，程序 5-3.php 的第 8~9 行的数据库服务器的连接、数据库的选择就没有再进行正确性验证。程序 5-3.php 的运行结果如图 5-7 所示。

图 5-7　程序 5-3.php 的运行结果

要验证 5 条记录是否都已确实插入到了数据库中，可以用命令提示符登录控制台，用"SELECT * FROM testtable"命令来浏览表中的所有数据，也可以用 phpMyAdmin 来浏览。

控制台中显示的数据如下：

```
mysql> select * from testtable;
+-------+------+
| name  | age  |
+-------+------+
| 姓名 1 |   21 |
| 姓名 2 |   22 |
| 姓名 3 |   23 |
| 姓名 4 |   24 |
| 姓名 5 |   25 |
+-------+------+
5 rows in set(0.00 sec)
```

可见数据确实已经成功插入到数据库中。

程序 5-3.php 看起来行数较多，但是其结构却很简单，读者可以根据所学知识分析一下。在这里仅指出三点。

（1）第 11~12 行将要插入的两个字段的值放在两个变量中，然后在第 13 行构造一个 SQL 语句，第 14 行执行这个语句。这里之所以采用变量存放字段值和 SQL 语句，一是为了使程序更加易读，另外是可以避免写成一条过于复杂的综合语句而容易出错。读者须尤其注意的是第 13 行，在构造 SQL 语句（其实就是一个普通字符串）时，不同数据类型的变量用不同的引号连接。其实这个问题应该是一个 PHP 基本语法的问题，很多初学者在这个地方容易犯迷糊，因此请读者多加揣摩，仔细体会。

（2）第 20 行首次使用 mysql_error()函数。这个函数可以返回上一次 MySQL 返回的错误信息。当程序出错时输出这些错误信息对于程序的调试很有帮助。读者可以试着故意写错 SQL 语句，或者故意发送一条非法指令到 MySQL 服务器，然后调用此函数查看返回的错误信息。

（3）如果插入数据后出现了乱码，则需要设置相关的编码，因为这里采用的是默认编码，即 Latin1 字符集，所以就省略了向数据库发送 SET CHARACTER 指令的步骤。如果数据库服务器设置的是 gb2312 字符集，必须在第 9 行后加入"mysql_query("SET CHARACTER SET gb2312");"进行字符设置。这条指令与程序功能无关。这条语句是否加入及具体设置什么样的字符集与服务器采用的 MySQL 版本及安装 MySQL 时的设置有关。而且值得注意的是，插入时进行了字符的设置，从数据库中读出数据时也必须进行同样的设置，否则就会出现乱码。

下面再来看一个从数据库中读取数据并用表格显示在网页上的例子。还是用 mysql_query()函数，向数据库发送 SELECT 指令来查询数据。

```
1:    <!--文件 5-4.php:用 PHP 从表中读取数据-->
2:    <HTML>
3:       <HEAD>
4:          <TITLE>用 PHP 从表中读取数据</TITLE>
5:       </HEAD>
6:       <BODY>
7:          <?php
8:              $id=mysql_connect("localhost","root","root");
9:              mysql_select_db("newdata",$id);
10:             $query="SELECT * FROM testtable";
11:             $result=mysql_query($query,$id);
12:             $datanum=mysql_num_rows($result);
13:             echo "表 testtable 中共有".$datanum."条数据<br>";
14:         ?>
15:    <table width="228" height="34" border="1">
16:       <?php  while($info=mysql_fetch_array($result,MYSQL_ ASSOC)){   ?>
17:       <tr>
18:         td width="99" height="28"><?php echo $info["name"]?> </td>
19:         <td width="113"><?php echo $info["age"]?></td>
20:       </tr>
21:        <?php }?>
22:       </table>
23:       <?php mysql_close($id);?>
24:    </BODY>
25: </HTML>
```

程序 5-4.php 的输出结果如图 5-8 所示。

程序 5-4.php 在代码中加入了一些 HTML 代码，用来产生一个表格。程序又用到了几个新的函数，下面就来一一介绍。

（1）第 11 行，向服务器发送了一条 SELECT 指令。这条指令将返回所有满足条件的记录。注意返回的记录是一个资源类型，其内容是若干条记录的集合，可以成为一个记录集。不能直接用来输出，先将返回的数据存放在$result 中。

图 5-8　程序 5-4.php 的运行结果

（2）第 13 行，用 mysql_num_rows()函数来统计一个记录集中记录的条数。注意此函数专用于统计 MySQL 查询结果记录数，不能用来统计其他数据类型的元素个数。

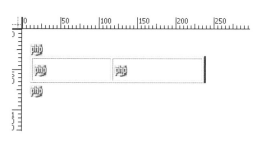

图 5-9　程序 5-4.php 在 Dreamweaver 中的显示

（3）第 16～21 行，充分说明了 PHP 是一种嵌入式脚本语言，而且要养成一个好习惯，就是当有 PHP 和 HTML 代码混合时尽量把 PHP 代码嵌入到 HTML 中，这样在网页可视化的编辑工具如 Dreamweaver 中就可以很好地把 PHP 代码和网页界面分离开，便于编辑，如图 5-9 所示。

（4）第 16 行是关键。这一行用到了 mysql_fetch_array()函数。此函数是 PHP＋MySQL 编程中最常用的函数之一。此函数的格式如下：

```
array mysql_fetch_array(resource result [,int result_type])
```

该函数的作用是读取记录集 result 中的当前记录，将记录的各个字段的值存入一个数组中，并返回这个数组，然后将记录集指针移动到下一条记录。如果记录集已经到达末尾，则返回 false。

第 2 个参数 result_type 为可选，此参数用来设置返回的数组采用什么样的下标。有 3 个备选值：MySQL_ASSOC、MySQL_NUM、MySQL_BOTH，其含义如下：

1）MySQL_ASSOC：返回的数组将以该记录的字段名称作为下标。例如，在本例中要输出此数组中的"姓名"字段，可以用$info['name']。这里$info 是数组名，"name"是存放姓名的字段名。

2）MySQL_NUM：返回的数组以从 0 开始的数字为下标。在本例中，返回的每条记录只有两个字段，那么数组也就只有两个元素，分别用$info[0]、$info[1]来引用。

3）MySQL_BOTH：返回的数组既可以用字段名为下标，也可以用数字为下标。在本例中，既可以用$info[0]来取得姓名，也可以用$info['name']来取得。

读者可以自行修改程序，对上述 3 个参数进行测试。

此外，PHP 中还有 mysql_fetch_row()、mysql_fetch_assoc()、mysql_fetch_object()等函数，这些函数的作用与用法都和 mysql_fetch_array()函数相似，读者可以参考 PHP 手册，了解这几个函数的使用。

用 mysql_query()函数，结合子项目三中讲过的 SQL 语句，还可以轻松实现对表内数据的删除和修改，如：

```php
<?php
    $id=mysql_connect("localhost","root","1234");
    mysql_select_db("newdata",$id);
    mysql_query("DELETE FROM testtable",$id);
    mysql_close($id);
?>
```

执行这段程序，会删除表 testtable 中的全部数据。

此外，用 UPDATE 语句可以实现对表内数据的修改，这里不再举例，读者可以自行编写程序练习。

4．mysql_close()函数

此函数用来关闭一个数据库连接，其格式如下：

```php
bool mysql_close( [resource link_identifier] )
```

本函数只有一个可选参数 link_identifier。此参数表示要关闭的连接的 ID。也就是 mysql_connect()函数执行成功后返回的一个连接标记。参数为空时表示关闭当前连接。该函数返回一个布尔型结果。当关闭成功时返回 true，关闭失败是返回 false。

```php
<?php
    $id=mysql_connect("localhost","root","1234");
    if(mysql_close($id)){
        echo"关闭数据库连接成功!";
    }else{
        echo"关闭数据库连接失败!";
    }
?>
```

上面的例子演示了 mysql_close()函数的使用。事实上，当一个 PHP 脚本（也就是一个 PHP 页面及它的包含文件）执行结束时，这个脚本中打开的 PHP 连接也会同时被关闭，因此一般情况下即使忘记了手工关闭也没有关系。但是数据库使用完毕后关闭连接是一个很好的编程习惯。

5.3.3.3 PHP 中数据分页的实现

在 Web 开发中经常遇到的一个问题就是对大量数据进行分页显示。例如，一个留言板有数千条留言，如果这些留言全都显示在一个页面上，页面将变得很大，有时过大的页面还会导致浏览器停止响应。PHP 中提供了非常简单方法对数据进行分页。

为了更好的说明分页的作用，先向 testtable 表中插入大量的数据。修改 5-3.php，把控制插入条数的"for（$i=1；$i<6；$i++）"修改为"for（$i=1；$i<100；$i++）"，执行此程序之后，数据库中便会插入 99 条数据。这时再运行 5-4.php，会发现 99 条数据全部显示在一页内。

在 5-4.php 的基础上，为此程序增加分页功能，具体代码如下：

```
1:  <!--文件 5-5.php:用 PHP 实现数据分页-->
2:  <HTML>
3:    <HEAD>
4:        <TITLE>用 PHP 实现数据分页</TITLE>
5:    </HEAD>
6:    <BODY>
7:        <?php
8:            $id=mysql_connect("localhost","root","root");
9:            mysql_select_db("newdata",$id);
10:           $query="SELECT * FROM testtable";
11:           $result=mysql_query($query,$id);
12:           $datanum=mysql_num_rows($result);
13:           $page_id=$_GET["page_id"];
14:           if($page_id==""){
15:           $page_id=1;
16:           }
17:           $page_size="15";             //定义每页显示条数
18:           $page_num=ceil($datanum/$page_size);
19:       ?>
20:        表 testtable 中共有<?php echo $datanum;?>条数据<br>
21:        每页<?php echo $page_size;?>条,共<?php echo $page_num;?>页。<br>
```

```
22:        <?php
23:          for($i=1;$i<=$page_num;$i++){
24:              echo "[<a href=?page_id=".$i.">".$i."</a>]";
25:          }
26:          $start=($page_id-1)*$page_size;
27:          $query2="SELECT * FROM testtable limit $start,$page_size";
28:          $result2=mysql_query($query2,$id);
29:        ?>
30:        <table width="228" height="34" border="1">
31:         <?php while($info = mysql_fetch_array($result2,MYSQL_ASSOC)){  ?>
32:         <tr>
33:          <td width="99" height="28"><?php echo $info["name"]?></td>
34:          <td width="113"> <?php echo $info["age"]?></td>
35:         </tr>
36:          <?php }?>
37:         </table>
38:        <?php mysql_close($id);?>
39: </BODY>
40: </HTML>
```

图 5-10 程序 5-5.php 的运行结果

程序运行结果如图 5-10 所示。

单击不同的页码，对应的数据也会随之变化，简单的分页功能实现了。下面对程序 5-5.php 进行详细说明。

（1）第 10～12 行，首先查询出了要显示的全部数据的条数，放在\$totalnum 中。

（2）第 13～16 行判断用户是否单击了某一页。通过第 13 行可以看到，当用户单击某一个页码时，将会把一个页码的数字作为参数传递给本页面（用 GET 方法在 URL 中传递参数），第 14～16 行就是判断是否传递了这一参数，如果传递了，则说明用户选择了某一页，这时当前要显示的页面就是传递过来的参数值。如果参数为空，则说明本页面是直接被打开的，用户还没有选择某个页面。这时就显示第一页，因此设置\$page=1。

（3）第 17 行定义了\$page_size 变量，将其值设置为 15，即每页显示 15 条数据。

（4）第 18 行根据记录总数和每页显示的条数计算出了总页数，计算方法很简单，就不再分析了。ceil()函数将计算结果用进一法取整，具体使用请到 8.3.5 中查询。

（5）第 23～25 行，用循环输出了所有页码。每个页面都有一个超链接，单击此超链接会将相应的页码以 GET 方式传递到本页。

（6）第 26 行定义了变量\$start，这个变量在第 27 行的 SQL 语句中被用到。MySQL 支持在 SELECT 语句中使用 LIMIT 子句，LIMIT 子句的使用方法为：

```
SELECT * FROM tbl WHERE…….LIMIT [begin],[num]
```

此查询语句的含义为，查询出 tbl 表中满足指定条件的全部记录，然后只返回记录中从 begin 开始的 num 条数据。也就是说，使用了 LIMIT 子句后，MySQL 并不返回所有的满足条件的记录，而是只返回这些记录中从某条开始的若干条。如 "LIMIT 10，5" 的作用是取记录集中从第 10 条后的 5 条，即第 11、12、13、14、15 条记录。注意这里的计数是从第 1 条开始的。

这样，第 26 行的$start 就不难理解了。记录截取起点的计算方法为：

（要显示的页码–1）*每页显示的条数。

如当前要显示第 3 页，每页 15 条，那截取起始位置就是（3-1）*15=30。也就是说，第 3 页从第 31 条数据开始显示，连续显示 15 条，直到第 45 条。这与实际情况相符。

（7)第 31～36 行在一个表格中用 while 循环输出由第 27 行的 SQL 语句所查询出的记录。

此程序虽然已经实现了分页功能，但是功能还不是很完善。比如本例中全部页码直接用循环列出，这样虽然很方便，但是在页码很多（如几百页）的情况下会出现版面混乱。可以使用"上一页"、"下一页"、"首页"、"尾页"等方法，简化页码显示，甚至可以允许用户输入跳转的页数。读者可以根据所学知识，完善此程序的功能。

5.3.4 PHP 面向对象概述

面向对象程序设计（OOP，Object-Oriented Programming）是近代程序设计领域的一大革命。它提高了程序设计者的产能，提高了软件的重复使用率，并能降低维护成本。把面向对象程序设计将要解决的实际问题抽象成程序中的一个个对象，并赋予对象特殊的性质，这样可以克服许多传统的面向过程的编程语言（或称程序性语言）的许多缺点，是一种更新、更先进的编程方式，也是目前已经大规模使用的编程思想。

PHP 支持面向对象的编程方法。尤其是到了 PHP 5，面向对象的特性被大大加强，虽然目前 PHP 作为一门 Web 开发语言，其对面向对象特性的支持程度与纯粹的面向对象语言如 Java 等还有很大差距，但在一定程度上已经给 PHP 开发者带来很大便利。因此掌握 PHP 面向对象编程就显得十分有必要。

面向对象的编程方法是一门专门的学问，这方面著作也很多。关于类、对象、方法、成员、继承、封装、重载、构造器等名词，对于一个没有接触过面向对象编程的读者来说可能会感到一头雾水。由于阐述面向对象的原理不是本书的主要内容，因此本书不会深入探讨这些内容，但是会在遇到每个名词时进行尽量简短、通俗的解释。如果读者在此之前就有过面向对象编程的经验，那么学习本章将会非常轻松。PHP 的面向对象要比专门的面向对象编程语言简单的多。如果读者没有任何面向对象编程知识，也能够通过本书的介绍慢慢领会。但还是建议这类读者先参阅一些专门介绍面向对象编程的书籍，这样再学习起来会更加顺畅。

必须清楚地说明的一点是：PHP 支持面向对象的编程，但并不是只能以面向对象方式编程——换句话说，不了解 PHP 的面向对象编程并不影响 PHP 的学习。即使完全跳过本章，也基本不会影响后续章节的学习。事实上，由于 Web 程序规模有限，每个网页程序一般是几十行到几百行，数千甚至数万行的程序并不多见。再加上 Web 程序基本上是独立的个体，运行时互不相干，这就使得单个网页程序的内部逻辑比较简单，并不十分复杂，因此面向对象的编程思路并不能发挥出太大作用。于是在实际开发过程中大多数 PHP 开发者主要仍采用传统的"面向过程"的方法。大多数人只是部分使用面向对象的方法甚至完全不使用。因此，即使读者对面向对象的编程没有经验，学习本章感到困难，也不必丧失信心。面向对象到目前为止还没有成为 PHP 的核心。

5.3.5 类与对象

5.3.5.1 类

从程序的角度出发，本节把类放在最前面介绍。因为只有定义了类，才能创建这个类的实例（对象）。但是实际上如果按照类的产生来看，类是从现实世界的事物（对象）中抽象而来，是客观世界在计算机中的逻辑表示，因此是先有对象后有类的。

面向对象的一个重要理念就是：万事万物皆对象。客观世界中的任何事物，一个人、一辆车、一种物体，都可以视为一个对象。对象还可以是抽象的概念，如天气变化、鼠标事件等。联系客观世界的事物，可以很容易归纳出对象的两个特征：状态和行为。每个对象都有自身的状态（或称属性），也有自己的行为（操作）。例如一个人有身高 、体重、性别等自然属性，也有姓名、职业等逻辑属性。人还有自己的行为，如走、立、坐、跑等。一辆车有颜色、型号、价格、时速等属性，也有起步、换挡、刹车、转弯等行为。人的状态和行为如图 4-1 所示。

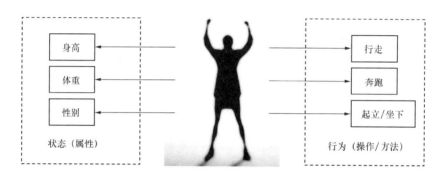

图 5-11　状态和行为示意图

类的概念是从真实世界的对象中抽象而来。人类很善于对客观世界进行观察、总结和分类。对于具有相同或相似属性的事物，将其归为一类。许多小类又可以进一步抽象成大类。如"动物"可以分为"哺乳动物"、"非哺乳动物"，人就是哺乳动物的一种。"人"是一种具体的事物，而"动物"就是对一类事物的归纳统称。

程序中对一类事物或者一个逻辑实体进行抽象提取，将其状态和行为提取出来，封装在一段独立的代码块中。给这个代码块命一个名字，便有了一个"类"。提取出来的状态被称为"属性"或"成员变量"，具体用一个变量来表示。而提取出来的行为，称为"操作"或者"方法"。具体用一个子代码段（类似于一个函数）来表示，称为类的一个"方法"。这就是"类"、"变量"和"方法"的概念。

5.3.5.2　类的成员

既然一个类是由一类事物或者逻辑抽象而来，其中必然包含了这类事物或者逻辑的基本要素和区别于其他类的特性。一个内容为空的类虽然是合法的但是毫无意义。一个类除了一个名称的声明——也就是类声明之外，其内容由两部分组成：变量和方法。类的变量和方法统称为类的成员。

大概很多读者已经迫不及待地想知道 PHP 中一个类的代码如何编写。程序 4-1.php 就给出了图 4-1 中所表示的关于"人"的类的简单抽象后的 PHP 代码。

```
<!--文件 5-6.php:一个"人"的类示例-->
```

在程序 5-6.php 中，用 class 关键字声明了一个类 Person 表示"人"。在类的语句体中定义了 3 个变量，分别表示身高、体重、性别属性。定义了 3 个方法分别表示行走、奔跑、坐立的行为。这样，一个"人"就被抽象到了程序中，并用具体的代码表示出来了。当程序中需要用到和此类事物有关的操作时，便可以使用这个类的代码。

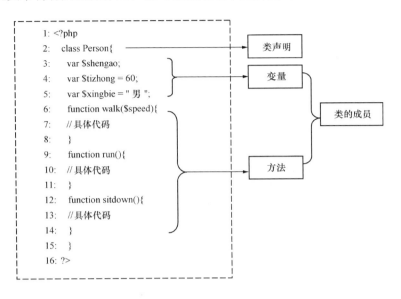

有的读者可能会说，一个事物的属性有很多，行为也有很多，穷举起来岂不是很困难？实际上不需要把一个事物的全部属性和行为归纳出来。我们只关心与我们的研究有关系的那些属性和行为。这才是抽象的真正含义。在一个程序中，要解决的具体问题是有限的，和这些问题有关的属性行为也是有限的，所以这里的抽象是有针对性的，也必须是有限的。

程序 5-6.php 如果直接运行不会有任何输出，因为这个程序中只是定义了一个"类"。相当于定义了一个函数而没有使用它，当然不会有任何输出。要让这个类在程序中发挥作用，需要首先将其"实例化"。

5.3.5.3 类的实例化：对象

"实例化"是一个术语，实际上可以将它理解为"具体化"。通过上面的学习我们知道，类是抽象出来的一个逻辑单位。虽然用具体的代码写出来了，这个类仍然只是一个某类事物的"定义"，而不是事物本身。要在程序中使用这类事物，首先要创建出这类事物的一个实体——这就是类的实例化。在面向对象的程序设计中将创建的实体称为对象，其关系如图 5-12 所示。

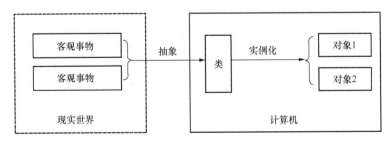

图 5-12 类的实例化示意图

这个所谓的"实例化"具体如何进行呢？在 PHP 中，将一个类实例化成一个对象非常简单，只需要使用 new 关键字进行实例化即可。

```
$var=new 类名();
```

对例 5-6 中定义类的实例化语句为：

```
$p1=new Person();
```

在没有参数的前提下，类后面的( )可以省略。即$p1=new Person；。但是出于规范性考虑，建议不省略。

此时变量$p1 就不是一个普通的变量了，而变成了一个对象（Object）类型。对象类型的使用和其他普通类型如字符、整型不同。例如，无法将其直接输出或者进行算术运算，因为这是一个特殊的变量类型——其中包含了一些"属性"和"方法"。如何使用这个对象呢？看看程序 5-7.PHP。

```
<!--文件 5-7.php:类成员的调用-->
1:   <?php
2:     class student{
3:       var $name;
4:       var $age;
5:       var $id;
6:       function setName($xm){
7:       $this->name = $xm;
8:   }
9:       function setAge($nl){
10:      $this->age = $nl;
11:   }
12:   function setId($xh){
13:      $this->id = $xh;
14:   }
15:
16:   function getInfo(){
17:      $info="姓名:".$this->name."<br>";
18:      $info.="年龄:".$this->age."<br>";        //注意"."="是一种字符连接的简化写法
19:      $info.="学号:".$this->id;
20:      return $info;
21:   }
22:   }
23:   $stu1 = new student();
24:   $stu1->setName("张晓明");
25:   $stu1->setAge(20);
26:   $stu1->setId("200801020304");
27:   echo $stu1->getInfo();
28:   echo "<p>";
29:   echo $stu1->name;
30:   ?>
```

程序 5-7.php 的运行结果如图 5-13 所示。

下面分析一下程序 5-7.php。

图 5-13　程序 5-7 的运行结果

第 2 行定义了一个类 stutdent，表示学生类。

第 3～5 行定义了 3 个变量，分别表示学生的姓名、年龄、学号。

第 6～14 行定义了 3 个方法，分别用来修改 3 个变量的值。

第 16～21 行定义了一个方法 getInfo()，用来将类的 3 个变量格式化并返回给调用者。

第 23 行用 new 关键字创建了一个类 student 的对象。

第 24～26 行使用 "->" 符号（减号+右尖括号）分别调用对象中的 3 个方法为对象的变量设置具体值。

第 27 行调用对象的 getInfo()方法输出此对象的信息。

第 29 行直接通过对象名调用其 name 变量。

通过程序 5-7.php 可以清楚地看到一个对象的使用方法。当一个对象被创建后，就可以使用 ">" 符号访问其成员。可以调用成员中的方法、接收方法返回的值，也可以直接获取或者修改成员中的变量。同样，在类的内部，方法可以访问变量，方法之间也可以相互访问。

有一点需要指出，在类的方法中访问自身的其他成员时，需要用 "$this>成员名" 的方式。这一点和其他面向对象的语言有些不同，需要读者特别注意。下面再给出一段代码，让读者加深理解。

```
class test{                    //类定义
 var var1;                     //变量定义
 var var2;
 function fun1(){              //方法定义
                               //具体代码
 }
 function fun2(){
  $this->var1 = 1;             //访问成员$var1
  $this->var2 = 2;             //访问成员$var2
  $this->fun1();               //访问成员 fun1()
 }
}
```

程序 5-7.php 中仅给出了用一个类创建一个对象的示例。实际上一个类可以创建多个对象，甚至理论上讲可创建无数个对象。类就相当于一张产品的设计图，根据设计图可以制造出无数的产品。而且创建出来的每一个产品都是独立的，也就是根据同一张设计图制造出来的产品之间是相互独立、互不影响的。同理，用同一个类生成的多个对象在计算机中也是相对独立、互不影响的。它们各自占据各自的内存空间，相互之间并无干扰。下面通过一个例子来说明。

本例直接使用程序 5-7.php 中的 student 类，但将其调用代码按程序 5-8.php 所示进行修改。

```
<!--文件 5-8.php:创建多个对象-->
1:  <?php
2:  class student{
3:      //代码略,同程序 5-7.php
4:  }
5:    //连续创建 2 个 student 的实例对象
6:      $stu1= new student();
7:      $stu2= new student();
8:    //分别对这两个对象进行操作
```

```
9:    $stu1->setName("毛书朋");
10:   $stu1->setAge(20);
11:   $stu1->setId("200801020304");
12:
13:   $stu2->setName("聂庆鹏");
14:   $stu2->setAge(22);
15:   $stu2->setId("200801020305");
16:   //分别输出
17:   echo $stu1->getInfo();
18:   echo "<p>";
19:   echo $stu2->getInfo();
20:   ?>
```

图 5-14　程序 5-8.php 的运行结果

程序 5-8.php 的运行结果如图 5-14 所示。

在程序 5-8.php 中，第 3 行省去了部分代码，请读者参阅程序 5-7.php 的 student 类。

程序 5-8.php 连续用 new 关键字创建了两个 student 类的实例对象$stu1 和 $stu2。为了证明这两个对象是相互独立、互不相干的，分别给这两个对象的成员进行赋值、调用。通过运行结果可以看出，这两个对象确实是独立的，即对其中任何一个对象的操作不会影响到另一个对象。同一个类可以被使用多次，"制造"出相互独立的多个对象，这就是代码重用的重要体现。使用类可以很方便、高效、稳定的进行代码重用，这在开发大型项目或复杂的项目时尤为重要。

5.3.5.4　访问控制

通过程序 5-8.php 可以看到，同一个类的成员可以在不同场合以不同的方式调用。如要设置$name 变量的值，可以使用类自身提供的 setName()方法，也可以直接通过"对象名->name"的方法。这看似是一种灵活性的表现，但是对于一个健壮、安全的程序而言，这种随意的访问方式很容易带来负面问题，在此，不妨举一个简单的例子。

```
<!--文件 5-9.php:随意访问成员带来混乱-->
1:   <?php
2:     class getDate{
3:       var $month;
4:       var $day;
5:       function setDate($m,$d){
6:         $m =(int)$m;
7:         $d =(int)$d;
8:         if($m<1)$m=1;
9:         if($d<1)$d=1;
10:        if($m>12)$m=12;
11:        if($d>31)$d=31;
12:        $this->month = $m;
13:        $this->day   = $d;
```

```
14:          }
15:      function showDate(){
16:          return $this->month."月".$this->day."日<P>";
17:      }
18:    }
19:
20:    $day1 = new getDate();
21:    //以正常参数调用方法
22:    $day1->setDate(5,12);
23:    echo $day1->showDate();
24:    //以异常参数调用方法
25:    $day1->setDate(14,34);
26:    echo $day1->showDate();
27:    //绕过方法直接操作变量
28:    $day1->month = 14;
29:    $day1->day   = 34;
30:    echo $day1->showDate();
31: ?>
```

程序 5-9.php 中定义了类 getDate，类中有两个变量，分别表示月、日。定义了一个方法 setDate()来设置变量值。定义了 showDate()来格式化返回变量值。我们都知道月份不可能超过 12，日不可能超过 31。因此在 setDate()方法中对参数值进行了验证，如果出现了异常的参数，则进行处理（至于如何处理可以根据程序需要自行编写）。最后通过 3 种方式来设置变量值，并查看结果，程序的运行结果如图 5-15 所示。

图 5-15　程序 5-9 的运行结果

通过运行结果很容易得出一个结论——如果不经控制而随意存取一个类中的变量，则很容易导致数据异常，即提供的数据可能不在合法的范围内。程序运行时如果发生这样的情况，对程序的执行将带来难以预料的不良后果。

如何控制类的成员的访问权限呢？也就是说实现对某些成员随意访问，对某些成员限制访问，这就是 PHP 中的访问控制。

在 PHP 中，对属性或方法的访问控制，是通过在前面添加关键字 public、protected 或 private 来实现的。由 public 所定义的类成员可以在任何地方被访问；由 protected 所定义的类成员则可以被其所在类及其子类访问（子类的概念将在本章的后面介绍）；而由 private 定义的类成员则只能被其所在类访问。

文字的描述总显得抽象，下面用一个例子来说明。

```
<!--文件 5-10.php:用访问控制符控制成员的访问权限-->
1: <?php
2:    class MyClass
3:    {
4:        public    $public = 'Public';
5:        protected $protected = 'Protected';
6:        private   $private = 'Private';
```

```
7:          function printHello()
8:          {
9:              echo $this->public;
10:             echo $this->protected;
11:             echo $this->private;
12:         }
13:     }
14:
15:     $obj = new MyClass();
16:     echo $obj->public;              //这行能被正常执行
17:     echo $obj->protected;           //这行会产生一个致命错误
18:     echo $obj->private;             //这行也会产生一个致命错误
19:     $obj->printHello();             //可以正常输出
20:  ?>
```

程序 5-10.php 的 4～6 行定义了 3 个变量，与之前写法的不同之处在于，在其前面增加了访问控制符。使用不同的访问控制符修饰的变量，其访问权限也有所不同，从 16～18 行的执行结果可以看出这种差异。第 16 行通过对象$obj 访问变量$public，由于该变量的访问控制为 public，任何地方都可以使用，因此此句执行成功。但是第 17 和 18 两行就会报错，这是因为 protected 和 private 两种类型都不允许通过对象直接调用。而第 19 行通过 printHello()方法来输出$protected 和$private 两个变量，就可以成功。这是因为 printHello()方法在类的内部定义，执行时相当于在所在类的内部调用两个变量，这是允许的。而通过对象直接访问就是错误的。

有了这个例子，我们可以轻松的对程序 5-9.php 进行修改，只需将$month 和$day 两个变量的声明部分作如下修改，即可防止通过外部直接赋值。

```
private $month;
private $day;
```

这样一来，试图直接通过$day1->momth 为其赋值就会报错，因而只能通过 setDate()方法来赋值，这样就避免了数据不合法会导致数据混乱的问题。

当然这里所举的是两个非常简明的例子，实际应用中的程序要复杂得多，更需特别注意每个成员的访问控制，将可能存在的危险降到最低。

学过了访问控制之后，就可以澄清一个前面章节中遇到的问题了。在前面的内容中，在定义类的变量时一般使用 var 作为关键字，实际上这是 PHP 4 中的写法，到了 PHP 中，虽然仍然保持兼容，但是推荐使用 public、protected、private 之一来修饰变量。

public、protected、private 关键字同样可以应用于方法，用来实现对方法的访问控制。其控制原理与变量相同，因此不再给出具体例子，请读者自行设计一个程序来验证。

当一个方法没有使用访问控制修饰符修饰时，默认为 public。

5.3.6 构造函数与析构函数

构造函数（构造器）是面向对象编程中的一种重要机制，本节介绍 PHP 中的构造函数与析构函数。

5.3.6.1 构造函数

所谓构造函数，是指类中的一个特殊的方法，在 PHP 中，这个方法以_ _construct()为方法名。而且此方法没有返回值。

构造函数的实质是类中的一个方法，也就是类的一个成员。只不过这个方法和其他方法相比有其特殊性。其特殊性主要表现在以下几个方面。

（1）构造函数必须命名为_ _construct()。在 PHP 5 以前版本中构造函数名必须与类名一致。PHP 5 以后改为_ _construct()（注意 construct 前面是连续两条下划线"_"）。

（2）构造函数在类被实例化时自动调用（用 new 创建对象时自动运行此方法）。

（3）构造函数没有返回值。

（4）构造函数一般不被"显式"调用。也就是说构造函数在创建对象时自动运行，不需要人为去调用。

构造函数作为类的基本特性之一，必然有其用途。构造函数最主要的用途就是用来实现类的初始化，即创建一个对象的同时就对这个对象进行一些初始化操作，而不是等到对象创建完成后再逐个设置。这时构造函数就派上了用场。

下面来看一个例子。

```
<!--文件 5-11.php:构造函数的使用-->
1:   <?php
2:     class student{
3:       var $name;
4:       var $age;
5:       var $id;
6:       function __construct($xm,$nl,$xh){     //构造函数
7:         $this->name = $xm;
8:         $this->age  = $nl;
9:         $this->id   = $xh;
10:        echo "<p>构造函数已经被执行!</p>";
11:      }
12:      function getInfo(){     //普通方法
13:        $info  = "姓名:".$this->name."<br>";
14:        $info .= "年龄:".$this->age."<br>";
15:        $info .= "学号:".$this->id;
16:        return $info;
17:      }
18:     }
19:
20:     $stu1 = new student("聂庆鹏",22,"200801020305");
21:     echo $stu1->getInfo();
22:  ?>
```

在程序 5-11.php 中，类 student 中定义了构造函数，构造函数接收 3 个参数并分别赋值给类的 3 个成员变量。第 20 行创建了一个 student 类的对象$stu1，在用 new 关键字创建对象的同时，提供 3 个初始化参数值，这样 3 个值被传递到构造函数_ _construct()中，完成赋值。因此第 21 行直

图 5-16　程序 5-11 运行的结果

接输出，可以看到提供的初始信息已经成功保存到对象之中。这个例子足以看出构造函数所起的作用。

程序 5-11.php 的运行结果如图 5-16 所示。

其实"构造函数"仍然是一个方法。在面向对象编程中，已经基本废弃了"函数"这个称呼，类中的函数称为"方法"。之所以仍然将构造器称为"构造函数"，只是一种习惯。在许多资料中都这么称呼，本书仍然沿用这一称呼。

5.3.6.2 析构函数

析构函数是与构造函数相对应的另一个特殊方法。析构函数是类中的一个方法，不过有其特殊性。

（1）析构函数必须命名为_ _destruct()。

（2）析构函数没有参数。

（3）析构函数没有返回值。

（4）析构函数在对象被销毁时自动调用，一般不需要显式调用。

析构函数是 PHP 5 中引入的新概念。

学习了构造函数之后，析构函数便很容易理解了，下面直接来看一个例子。

```
<!--文件 5-12.php:析构函数的使用-->
1:  <?php
2:      class MyDestructableClass {
3:          var $name;
4:          function __construct(){
5:              echo "构造函数已执行<br>";
6:              $this->name = "MyDestructableClass";
7:          }
8:          function __destruct(){
9:              echo "析构函数已执行(" . $this->name . ")";
10:         }
11:     }
12: $obj = new MyDestructableClass();
13: echo "<br>这是正文内容<br><br>";
14:  ?>
```

程序 5-12.php 运行结果如图 5-17 所示。

这说明在对象创建时，构造函数执行。当脚本执行完毕，销毁对象时，析构函数被执行（一个 PHP 脚本的所有语句执行完毕即说明脚本执行完成，此时服务器自动销毁对象，释放资源）。

图 5-17　程序 5-12 的运行结果

5.3.7　类的继承

继承（inheritance）是面向对象程序设计的三大特性之一。所谓继承，就是指一些类可以从另外一些已有的类中派生而来。如类 B 派生自类 A，则称 A 为"父类"或"超类"，B 为"子类"或"次类"。

类的层级关系可以从现实生活中找到很多例子。比如有人问你"奔驰"是什么，你可以告诉他这是一种"汽车"。那么即使这个人没有见过奔驰汽车，只要他见过汽车，他脑子中仍然对"奔驰"有了一个模糊的印象。起码能够想到"奔驰"的大体外形和功用。同样如果把牧羊犬、狗、哺乳动物、动物这 4 个概念放在一起，很自然的能够想到他们之间有一定的层级关系，即牧羊犬是狗的一种，狗是哺乳动物的一种……，之所以能够进行这样的层级划分，就是因为这些事物有其内在关联。牧羊犬具有狗的特征，狗具有哺乳动物的特征。

在程序设计中，如果一个类具有另一个类的特征，这两个类也可以建立这种层级关系，也可以分出"父类"和"子类"。那么两个类之间的特征如何体现呢？可以使用继承。继承是面向对象编程语言提供的机制，通过继承可以让一个类 B 具备另一个类 A 的全部特征。并且 B 仍然可以有自己的特征，如牧羊犬虽然是狗，但是它又不同于其他种类的狗，有其自身的特征。

在 PHP 中，要实现继承，只需要在类定义时使用 extends 关键字，即可让该类继承自另外一个类，从而拥有它所继承的类的全部特征。下面看一个示例。

```
<!--文件 5-13.php:类的继承-->
1:  <?php
2:  class  Dog{
3:      var $weight;
4:      function go(){
5:        echo "狗跑起来了~<br>";
6:      }
7:    }
8:   class shepherdDog extends Dog{ //用 extends 关键字声明本类自 Dog 类派生而来
9:      var $speed;
10:      function follow(){
11:      echo "牧羊犬(体重".$this->weight.")在跟踪羊群..";
12:      echo "(速度".$this->speed."km/h)<br>";
13:    }
14:    }
15:
16: $dog = new shepherdDog();
17: $dog->weight=200;
18: $dog->speed =60;
19: $dog->go();
20: $dog->follow();
21:  ?>
```

程序 5-13.php 运行结果如图 5-18 所示。

图 5-18 程序 5-13 的运行结果

下面分析一下本程序。

第 2～7 行定义了一个狗类 Dog。

第 8～14 行定义了一个牧羊犬类 shepherdDog。并在类声明中使用 extends 关键字，声明本类是从 Dog 类继承而来，那么 shepherdDog 类就是 Dog 类的子类。Dog 类是父类。

第 16 行创建了一个 shepherdDog 类的对象$dog。

第 17~20 行分别调用$dog 对象的两个变量和两个方法。

虽然这个程序并不复杂，但足以表明"继承"的作用。如果 shepherdDog 类没有声明继承自 Dog 类，那么该类就不可能拥有除了$speed 变量和 follow()方法之外的成员。但是本例中，shepherdDog 类声明继承自 Dog，那么 Dog 类的所有成员——$weight 变量和 go()方法都被继承到了子类 shepherdDog 中，可以直接使用。

一旦使用 extends 关键字声明一个类 B 继承自另外一个类 A，那么类 B 就继承了类的所有成员（父类中声明为 private 的除外）。其中包括类 A 从它的父类中继承下来的成员。这就是继承的核心特点。掌握了继承的概念，就可以在很多场合灵活运用，解决编程中的实际问题。

需要说明的是，并不是所有的类都可以被其他类继承。如果一个类不希望被其他类继承，可以在声明此类时在前面增加 final 关键字。

```
final class BaseClass {              //此类声明为 final 最终类
  public function test(){
      echo "just a test";
  }
}
class ChildClass extends BaseClass {    //报错,因为声明为 final 的类不能被继承
}
```

如果子类中定义了和父类重名的成员，会有什么后果呢？这就是下一节将要讨论的问题：覆盖。

5.3.8 覆盖与重载

5.3.8.1 覆盖

一个类 B 继承另外一个类 A 时，如果 B 中定义的成员与 A 中定义的成员发生重名，则产生覆盖。即 B 中的成员覆盖 A 中的同名成员，这就是覆盖。

覆盖可以覆盖变量，也可以覆盖方法，故称成员覆盖。

```
<!--文件 5-14.php:成员的覆盖-->
1:  <?php
2:  class  Dog{
3:      public $speed=60;
4:      public $weight=100;        //变量名为$weight
5:      public function go(){        //方法名为 go()
6:        echo "狗跑起来了。";
7:      }
8:  }
9:
10:
11:  class shepherdDog extends Dog{
12:      public $weight=200;        //变量名重复
13:      public function go(){        //方法名与父类发生重复
14:        echo "牧羊犬在跟踪羊群..";
```

```
15:         }
16:  }
17:
18:         $dog = new shepherdDog();
19:         echo $dog->weight;
20:         $dog->go();
21:  ?>
```

程序 5-14.php 的运行结果如图 5-19 所示。

图 5-19   程序 5-14 的运行结果

通过图 5-18 可以看出，当子类中的成员与父类中的成员重名时，子类中的成员覆盖掉父类中的成员。即当使用子类对象调用重名的成员时，实际调用的是子类的成员，子类虽然继承了父类的同名成员，但是父类中的成员被覆盖掉了。

程序 5-14.php 只是介绍了最基本的覆盖的情况。方法的覆盖也有一些特殊情况。如声明为 private 的成员由于无法被继承，因此也不可能被覆盖。此外，子类的方法调用父类方法、父类方法调用自身方法等情况下，产生的覆盖问题也错综复杂。本书对这些问题的不做深入讨论，对此感兴趣的读者可以参考 PHP 手册进一步研究。

5.3.8.2   重载

重载（Overloading）是面向对象的编程语言 3 大特性之一"多态"的重要表现形式。重载可以用一句话简单概括：在同一个类中出现同名的变量或方法。

实际上纯粹的面向对象编程语言，都对重载有良好的支持。PHP 作为一门 Web 编程语言，对重载的支持并不理想。甚至可以说 PHP 根本不支持真正的重载。因为 PHP 不允许一个类中出现两个同名的变量或者同名的方法，否则会报错。但是 PHP 通过几个所谓的"Magic methods（魔法方法）"实现了变相的重载。在 PHP 手册关于 PHP 5 面向对象编程的介绍中，就有重载一节。但是很明显这种重载方法只是低层次的。

虽然有一些拐弯抹角的方式可以实现一定意义上的重载，但由于 PHP 在重载方面并不成熟，在这里不再进行讨论。对此感兴趣的读者可以参阅 PHP 手册，或者登录本书作者的 PHP 论坛 http://www.17php.com，里面可以找到一些有关重载方面的资料。

5.3.9   self、parent 与::关键字

在前面的编程中曾接触到$this 变量。它出现在类中具有特殊的含义，当这个类被实例化后，$this 便指向这个对象。可以认为是对"类对象"的引用。

实际上在 PHP 中，还有 self、parent 及::（双冒号），他们在面向对象编程中都具有特殊的用途。

self 是指向类本身，也就是说 self 并不是指向已经实例化的对象。self 用来引用类中的静

态（static）变量，普通变量无法用 self 引用。而且 self 在引用时后面不用->而是用双冒号操作符（::），请看下面的例子。

```
<!--文件 5-15.php:self 和::关键字的使用-->
1:  <?php
2:      class myTest{
3:        public static $x =10;
4:        public $y;
5:        function _ _construct(){
6:          $this->y = self::$x;                //正确,在类中用 self 加双冒号引用静态变量
7:        }
8:      }
9:      echo myTest::$x;                        //正确,用类名加双冒号引用静态变量
10:     $myObj = new myTest();
11:     echo $myObj->y;                         //正确,用对象->变量名引用普通变量
12:     echo myTest::$y;                        //错误,不能用::引用普通变量
13:     echo $myObj->x;                         //错误,不能用对象->访问静态变量
14:  ?>
```

本程序运行后，第 9 行、第 11 行输出"10"，第 12 和 13 行没有任何输出（报错）。

通过程序 5-15.php 足以说明 self 和双冒号两个特殊关键字的作用。

parent 关键字表示对父类的引用。该关键字一般用在子类中，用来调用父类的构造函数，比如下面的代码片断。

```
class Animal{
    public $name;
    //父类的构造函数
    public function _ _construct( $name ){
        $this->name = $name;
    }
}
class Person extends Animal{
    public $personSex;
    public $personAge;

    //子类的构造函数
    function _ _construct( $personSex,$personAge )
    {
        parent::_ _construct( "张三" );         //用 parent 调用了父类的构造函数
        $this->personSex = $personSex;
        $this->personAge = $personAge;
    }
}
```

在上面的代码片断中，首先定义了一个 Animal 类，该类有一个变量和一个构造函数。然后定义了子类 Person，有两个变量和一个构造函数。在创建 Person 类的对象时，子类中的构造函数会覆盖父类中的构造函数，因此无法直接给$name 变量赋值。这时可以在子类的构造器中调用 parent::_ _construct()，这样就会执行父类中的构造器。这样 3 个变量的赋值语句便都被执行了。

关于 PHP 中面向对象的知识，本书就介绍到这里。PHP 还是一门不断发展的语言，根据

PHP 的发展趋势,面向对象也将是其重点发展目标。虽然目前 PHP 还不是一门纯粹的面向对象的语言,但是我们相信随着 PHP 的不断进步,其面向对象特性也会逐步提高。

5.4 独 立 探 索

编写连接数据库的类库,并注明调用方法。

5.5 项 目 确 定

请读者自己编写类库文件,把前台文件(根目录下)中有关链接数据的地方编写完整,实现从数据库中读出出相应的数据。

5.6 协 作 学 习

1. 独立完成 5.5 中的任务,写出具体的完成情况。
2. 与同组的同学交换检查是否正确,若有错误写出错误原因。
3. 若还讨论了其他问题,请写出题目及讨论的结果。

5.7 学 习 评 价

分数：_____

学习评价共分为三部分：自我评价、同学评价、教师评价，分值分别为：30、30、40 分。

评价项目	分数	评 价 内 容
自我评价		
同学评价		签名：_____
教师评价		签名：_____

子项目六　数据传递与文件上传

6.1　情　景　设　置

在子项目一中，我们分析了多用户博客系统的用户、功能及较为详细的功能流程。

在子项目二中，我们为多用户博客系统的开发搭建好了所需要的服务环境。

在子项目三中，我们搭建好了项目要存储信息的数据平台。

在子项目四中，我们学习并掌握了在 HTML 中如何嵌入 PHP 及 PHP 相关的基础知识。

在子项目五中，我们学习并掌握了 PHP 操作 MySQL 数据的方法，以及分页实现的技巧；同时，我们也编写了类库简化了链接语句，增强了可移植性。

现在还存在着一个问题我们没有解决，我们现在往数据库中的读/写的数据全部是在 PHP 程序中的，我们怎么样才能把用户输入的相关数据存放到数据库中呢？

假设我们能把用户输入的相关数据通过 PHP 程序接收过来，并存放到 PHP 的变量中，我们是不是就可以利用子项目五的相关知识存放到数据库中了呢？同样，如果我们可以把用户发送的读取数据的请求或操作以数据的方式存放到 PHP 变量中，我们是不是也能利用子项目五中的相关知识从数据库中读取用户所需要的数据呢？因此，按照这个思路，我们现在要解决的问题是如何利用 PHP 程序接收用户数据，这需要用到 PHP 的内置数组。

6.2　知　识　链　接

（1）PHP 5 内置数组简介；

（2）$_POST 和$_GET 数组；

（3）$_FILE 数组。

6.3　知　识　讲　解

6.3.1　PHP 5 内置数组简介

PHP 提供了一套附加的内置数组（也称为预定义数组或预定义变量），包含来自 Web 服务器（如果可用）、运行环境和用户输入的数据。这些数组非常特别，它们在全局范围内自动生效。因此通常被称为自动全局变量（autoglobals）或者超全局变量（superglobals）。（PHP 中没有用户自定义超全局变量的机制。）超全局变量旧的预定义数组（$HTTP_*_ VARS）同时存在。自 PHP 5.0.0 起，长格式的 PHP 预定义变量可以通过设置"register_long_ arrays = off"

来屏蔽。超全局变量主要有以下几个。

（1）$GLOBALS（Global 变量）。包含引用指向每个当前脚本的全局范围内有效的变量，即为由所有已定义全局变量组成的数组。该数组的索引为全局变量的变量名。

（2）$_SERVER（服务器变量）。$_SERVER 是一个包含诸如头信息（header）、路径（path）和脚本位置（script locations）的数组。数组的实体由 Web 服务器创建。不能保证所有的服务器都能产生所有的信息；服务器可能忽略了一些信息，这与服务器的设定或者直接与当前脚本的执行环境有关。$SERVER 类似于旧数组$HTTP_SERVER_VARS（依然有效，但不提倡继续使用）。

（3）$_GET（HTTP GET 变量）。通过 HTTP GET 方法传递的变量组成的数组，类似于旧数组$HTTP_GET_VARS（依然有效，但不提倡继续使用）。

（4）$_POST（HTTP POST 变量）。通过 HTTP POST 方法传递的变量组成的数组。类似于旧数组$HTTP_POST_VARS（依然有效，但不提倡继续使用）。

（5）$_COOKIE（HTTP Cookies）。通过 HTTP cookies 传递的变量组成的数组。类似于旧数组$HTTP_COOKIE_VARS（依然有效，但不提倡继续使用）。

（6）$_FILES（HTTP 文件上传变量）。通过 HTTP POST 方法传递的已上传文件项目组成的数组，类似于旧数组$HTTP_POST_FILES（依然有效，但不提倡继续使用）。

（7）$_ENV（环境变量）。从环境变量通过执行转变过来的 PHP 全局变量。它们中的许多都是由 PHP 所运行的系统决定，类似于旧数组$HTTP_ENV_VARS（依然有效，但不提倡继续使用）。

（8）$_REQUEST（Request 变量）。经由 GET、POST 和 COOKIE 机制提交至脚本的变量，关联数组包含$_GET、$_POST 和$_COOKIE 中的全部内容。该数组不值得信任，建议尽量少用，甚至不用。所有包含在该数组中的变量的存在与否及变量的顺序均按照 php.ini 中的 variables_order 配置指示来定义。

（9）$_SESSION（Session 变量）。包含当前脚本中 Session 变量的数组，类似于旧数组$HTTP_SESSION_VARS（依然有效，但不提倡继续使用）。

（10）$php_errormsg（前一个错误消息）。$php_errormsg 是包含 PHP 产生的上一错误消息内容的变量。该变量在发生错误并且 将 track_errors 选项打开（默认为关闭）后才有效。

下面几节就对常用的内置数组做详细的讲解。

6.3.2 $_POST 和$_GET 数组

网页中的数据传递不外乎两种方式，一种是接收表单数据（也称为 POST 方法），另一种是接收 URL 附加数据（也称为 GET 方法）。下面对这两种方式进行介绍。

6.3.2.1 用$_POST 接收表单数据

先来分析一下程序 6-1.php 的源文件。

```
1:<!--文件 6-1.php:表单数据传递-->
2:<HTML>
3:    <HEAD>
4:      <TITLE>表单数据传递</TITLE>
5:    </HEAD>
6:    <BODY>
```

```
 7:         <?php
 8:            $tag=$_POST["tag"];
 9:            if($tag==1){
10:                 $addend1=$_POST["addend1"];
11:                 $addend2=$_POST["addend2"];
12:            }
          else{
13:                 $addend1=0;
14:                 $addend2=0;
15:            }
16:         $sum=$addend1+$addend2;
17:         ?>
18:      //请在下面的表单中输入两数以求其和
19:      <form name="form1" method="post" action="#">
20:         <input type="hidden" name="tag" size="4" value="1">
21:         <input type="text" name="addend1" size="4" value="<?php echo
         $addend1;?>">
22:         +
23:         <input type="text" name="addend2" size="4" value="<?php echo
         $addend2;?>">
24:         =
25:         <?php echo $sum;?><br>
26:      <br><input type="submit" name="button1" value="计算">
27:      <input type="reset" name="button2" value="重置">
28:      </form>
29: </BODY>
30: </HTML>
```

从程序 6-1.php 中不难发现，除了第 7～17 行其余代码都不是 PHP 的程序，而是 HTML 中的表单代码，其中第 20 行是一个初始值为 1 的隐藏表单，它不显示在浏览器中，但是也可以随着"计算"按钮的提交而传递数据，接收后用来判断当前执行的页面是提交前的页面还是提交后的页面。注意，隐藏表单在网页中非常重要而且应用十分广泛。程序的第 7～17 行是程序的主要部分，先用 POST 方法接收隐藏表单的数据，然后判断如果为 1，也就是单击过"计算"之后的执行的页面，就接收两个加数，否则，就两个加数均初始化为 0，第 16 行则是计算两个加数的和。

没有输入数据时，也就是初次浏览时，其运行结果如图 6-1（a）所示。

在两个表单里输入"88"和"66"两个数值并单击"计算"按钮，其运行结果如图 6-1（b）所示。

（a）　　　　　　　　　　　　　　　　（b）

图 6-1　程序 6-1.php 的运行结果

（a）初次浏览的页面；（b）输入数据并单击"计算"按钮后的效果

6.3.2.2 用$_GET 接收 URL 附加数据

接下来看一下怎么接收 URL 附加数据，如程序 6-2.php 所示。

```
1:<!--文件 6-2.php:URL 附加数据传递-->
2:<HTML>
3:    <HEAD>
4:     <TITLE>URL 附加数据传递</TITLE>
5:    </HEAD>
6:    <BODY>
7:    <a href="6-2.php?show_tag=1">显示图片</a>
8:    <a href="?show_tag=2">隐藏图片</a><br><br>
9:      <?php
10:          $show_tag=$_GET["show_tag"];
11:          if($show_tag==1){
12:          echo "<img src=php.gif width=120 height=67 align=left>";
13:          }
14:     ?>
15:    </BODY>
16: </HTML>
```

程序 6-2.php 的第 7 行和第 8 行均为 HTML 中的超级链接，但有所不同的是，第 7 行链接到文件 "6-2.php" 并附加数据 "show_tag=1"，第 8 行链接到本页文件并附加数据 "show_tag=1"，其实这两行运行的最终效果是一样的。第 10 行是接收 URL 附件数据的具体方法。第 11~13 行是如果接受的 URL 的附件数据为 "1" 时输出显示图片的 HTML 代码，即显示图片。

运行程序 6-2.php 时，其运行结果如图 6-2（a）所示，单击 "显示图片" 时，其运行效果如图 6-2（b）所示，单击 "隐藏图片" 时，其运行效果如图 6-2（c）所示。

（a）   （b）

（c）

图 6-2   程序 6-2.php 的运行结果

（a）初次浏览页面时的运行结果；（b）单击 "显示图片" 时的运行结果；（c）单击 "隐藏图片" 时的运行结果

程序 6-2.php 只传递了一个数据，如果要传递多个数据应该怎么做呢？只需把第 7 行的 "6-2.php? show_tag=1" 代码改写成如 "6-2.php? show_tag=1&date_name=date" 的代码，就可以传递两个数据了，也就是说传递多个数据时要用 "&" 进行连接或分割。

通过上面的两个例子，不难发现两种数据传递方法有所不同：GET 方法可以在地址栏中显示出来，也就是比较暴露，存在着安全隐患，而 POST 方法则比较隐蔽，特别是隐藏表单的使用，不仅可以增加程序的安全性，还可以传递一些不需要用户输入或不能让用户更改的贯穿若干个网页的量值。

提示

掌握了这两种数据传递的方法，就可以完成许多交互功能了。另外，GET 方法传递数据时可以通过其他方法来增加程序的安全性。如果传递 "id=34&del_id=56"，一看就知道传递的是数据表中或其他的 id 和 del_id，而且其值为 34 和 56，但是如果只传递"34，56" 或 "34-56"，就很难知道传递的是什么了，而接收到数据的时候，只需要根据需要进行字符截取就可以使用了。这样可以大大提高 GET 方法数据传递的安全性。

6.3.3　$_FILE 数组

文件上传的功能是经常使用的，这就需要用到$_FILE 数组。有了文件上传的功能，不仅可以为网站动态添加附件，以实现网页的文字编辑功能，而且还可以实现网站中相关图片、Flash 动画等的动态更新。下面就通过一个实例来了解$_FILE 数组的使用方法和文件上传的基本原理。

```
1:<!--文件 6-3.php:文件上传实例-->
2:<!--为了能正确运行,请在本文件的同目录下新建一个文件夹,名为"upfile",权限设置可写-->
3:<?php
4:    if($_POST[add]=="上传"){
5:        //根据现在的时间产生一个随机数
6:        $rand1=rand(0,9);
7:        $rand2=rand(0,9);
8:        $rand3=rand(0,9);
9:        $filename=date("Ymdhms").$rand1.$rand2.$rand3;
10:       if(empty($_FILES['file_name']['name'])){
11:       //$_FILES['file_name']['name']为获取客户端机器文件的原名称
12:           echo"文件名不能为空";
13:           exit;
14:           }
15:    $oldfilename=$_FILES['file_name']['name'];
16:    echo "<br>原文件名为:".$oldfilename;
17:$filetype=substr($oldfilename,strrpos($oldfilename,"."),strlen($oldfil
   ename)-strrpos($oldfilename,"."));
18:    echo "<br>原文件的类型为:".$filetype;
19:if(($filetype!='.doc')&&($filetype!='.xls')&&($filetype!='.DOC')&&($fi
   letype!='.XLS')){
20:        echo "<script>alert('文件类型或地址错误');</script>";
21:        echo "<script>location.href='6-3.php';</script>";
22:        exit;
23:        }
24:    echo "<br>上传文件的大小为(字节):".$_FILES['file_name']['size'];
25:        //$_FILES['file_name']['size']为获取客户端机器文件的大小,单位为 B
26:    if($_FILES['file_name']['size']>1000000){
27:      echo "<script>alert('文件太大,不能上传');</script>";
28:        echo "<script>location.href='6-3.php';</script>";
29:        exit;
```

```
30:            }
31:        echo "<br>文件上传服务器后的临时文件名为:".$_FILES['file_name']['tmp_
name'];
32:            //取得保存文件的临时文件名(含路径)
33:        $filename=$filename.$filetype;
34:        echo "<br>新文件名为:".$filename;
35:        $savedir="./upfile/".$filename;
36:        if(move_uploaded_file($_FILES['file_name']['tmp_name'],$savedir)){
37:            $file_name=basename($savedir);  //取得保存文件的文件名(不含路径)
38:            echo "<br>文件上传成功!保存为:".$savedir;
39:            }else{
40:            echo "<script language=javascript>";
41:            echo "alert('错误,无法将附件写入服务器!\n 本次发布失败!');";
42:            echo "location.href='6-3.php?';";
43:            echo "</script>";
44:            exit;
45:        }
46:    }
47:    ?>
48:    <html>
49:    <head>
50:    <meta http-equiv="Content-Language" content="zh-cn">
51:    <meta http-equiv="Content-Type" content="text/html; charset=gb2312">
52:    <title>==文件上传实例==</title>
53:    <style>
54:    body{font-size:10pt};
55:    td{font-size:10pt};
56:    .style1 {color:#FF0000}
57:    .style2 {
58:    color:#000000;
59:    font-weight:bold;
60:    }
61:    </style>
62:    </head>
63:    <body>
64:    <div align="center">
65:    </div>
66:    <form  enctype="multipart/form-data" action="6-3.php" method="post">
67:    <!--此处一定要有 enctype="multipart/form-data"//-->
68:    <table width="486" height="103" border="1" align="center" cellpadding= "0"
cells pacing="0" bordercolor="#008080" id="AutoNumber1" style="border-collapse:col-
lapse">
69:      <tr bgcolor="#CCCCCC">
70:          <td height="30" colspan="2" align="right"><div align="center"
class="style2">文件上传实例</div> </td>
71:    </tr>
72:    <tr>
73:          <td width="103" height="45" align="right"><div align="center"><span
class="style1">*</span>文件上传地址:</div></td>
74:          <td width="377" height="45"><input type="file" name="file_name">
75:          (大小<2M 为宜)</td>
```

```
76:  </tr>
77:  <tr>
78:  <td height="33" align="right" colspan="2">
79:  <p align="center"><input type="submit" value="上传" name="add">
80:          <input type="reset" value="重置"name="B2">
</td>
81:  </tr>
82:  </table>
83:  </form>
84:  </body>
85:  </html>
```

值得注意的是"<form enctype="multipart/form-data"......>"是一个标签，要实现文件的上传，必须将其指定为 multipart/form-data，否则服务器将不知道如何执行！

程序 6-3.php 的运行效果如图 6-3 所示。

(a)

(b)

图 6-3 程序 6-3.php 的运行结果

(a) 单击"上传"按钮前；(b) 单击"上传"按钮后

需要说明的是，"$\_FILES['file\_name']['name']$"为上传文件的名字；"$\_FILES['file\_name']['size']$"为上传文件的大小，单位为字节；"$\_FILES['file\_name']['tmp\_name']$"为文件上传到服务器上临时文件的名字。

通过上面的例子，不难发现文件上传的基本原理是：客户机文件→服务器临时文件夹→服务器上传文件夹。文件上传过程中从客户机到服务器的上传过程要通过一系列的验证，如文件的类型、大小等是否符合要求，从服务器临时文件夹到服务器上传文件夹的复制转移过程中要给文件重新命名等。

上面测试了上传一个文件的例子，要上传多个文件应当如何处理呢？PHP 支持同时上传多个文件并将它们的信息自动以数组的形式进行组织。要完成这项功能，需要在 HTML 表单中对文件上传域使用与选框和复选框相同的数组式提交语法，可以用如下方法处理。

提交的表单可以写成：

```
<form action="file-upload.php" method="post" enctype="multipart/form-data">
  Send these files:<br>
  <input name="userfile[]" type="file"><br>
  <input name="userfile[]" type="file"><br>
  <input type="submit" value="Send files">
</form>
```

119

当以上表单被提交后，数组$_FILES['userfile']、$_FILES['userfile']['name']和$_FILES['userfile']['size']将被初始化。如果 register_globals 的设置为 on，则和文件上传相关的全局变量也将被初始化。所有这些提交的信息都将被储存到以数字为索引的数组中，用户接收使用即可。

6.4 独 立 探 索

把程序 6-1 更改成可以进行加、减、乘、除四则运算的程序，并写出相关代码。

6.5 项 目 确 定

更改注册用户管理文件和超级管理员管理文件的表单，完成用户提交数据向数据库写入的功能，并实现注册用户图片管理功能代码的编写。

6.6 协 作 学 习

1. 独立完成 6.5 中的任务，写出具体的完成情况。
2. 与同组的同学交换检查是否正确，若有错误写出错误原因。
3. 若还讨论了其他问题，请写出题目及讨论的结果。

6.7　学　习　评　价

分数：＿＿＿＿＿＿＿

学习评价共分为三部分：自我评价、同学评价、教师评价，分值分别为：30、30、40 分。

评价项目	分数	评　价　内　容
自我评价		
同学评价		签名：＿＿＿＿＿＿＿
教师评价		签名：＿＿＿＿＿＿＿

子项目七　用户登录与身份验证

7.1　情　景　设　置

在子项目一中，我们分析了多用户博客系统的用户、功能及较为详细的功能流程。

在子项目二中，我们为多用户博客系统的开发搭建好了所需要的服务环境。

在子项目三中，我们搭建好了项目要存储信息的数据平台。

在子项目四中，我们学习并掌握了在 HTML 中如何潜入 PHP 及与 PHP 相关的基础知识。

在子项目五中，我们学习并掌握了 PHP 操作 MySQL 数据的方法，以及分页实现的技巧；同时，我们也编写了类库，简化了链接语句，增强了可移植性。

在子项目六中，我们解决了数据传递与文件上传的问题，也就是与操作用户数据交流或对话的问题。

到现在为止我们的多用户博客系统可以说已解决了绝大多数的核心技术问题，我们可以接收管理员书写的博文信息，并写入数据库，前台浏览者可以通过浏览网页的方式，从数据库中读出博主的相关博文信息。

现在又出现了一个问题，我们现在做的功能，是每一个知道管理地址的人都可以进行博文的书写，这是很麻烦的事情，如果有人记住了你书写博文的地址，那么他也可以代你书写博文，这肯定是我们所不希望的，那么这个问题要如何解决呢？

我们要通过身份验证机制来解决，也就是只有系统认可的管理员身份才能有博文的书写和其他的管理权限，也就是用户需要通过某个界面来确认自己的管理身份，这也就是用户登录。身份验证机制的实现也需要用到内置数组。

7.2　知　识　链　接

（1）$\_COOKIE 和$_SESSION 数组；

（2）用内置数组获取服务器环境信息。

7.3　知　识　讲　解

7.3.1　$\_COOKIE 和$_SESSION 数组

Cookie 和 Session 在 Web 技术中占有非常重要的位置。由于网页是一种无状态的连接程序，因此无法得知用户的浏览状态，必须通过 Cookie 或 Session 记录用户的有关信息，以供用户再次以此身份对 Web 服务器提供要求时作出确认。例如，某些网站常常要求用户登录，但怎么知道用户是否已经登录了呢，如果没有 Cookie 和 Session，登录信息无法保留，那样的话用户在浏览每一个网页时都要提供用户名和密码。

7.3.1.1 Cookie 机制的原理及使用

Cookie 是一种在本地浏览器端储存数据并以此来跟踪和识别用户的机制。PHP 透明地支持 HTTP Cookie。从客户端发送的 Cookie 都会被 PHP 5 自动加入$_COOKIE 的全局数组。如果希望对一个 Cookie 变量设置多个值，则需在 cookie 的名称后加 "["值名称"]" 符号。

下面来看一下 Cookie 的具体应用实例。

首先，建立一个用户登录的表单。

```
1:<!--文件 7-1.php:COOKIE 实现用户登录的表单-->
2:<HTML>
3:   <HEAD>
4:    <TITLE>COOKIE 实现用户登录的表单</TITLE>
5:   </HEAD>
6:  <BODY>
7: <form name="form1" method="post" action="7-1action.php">
8: <table width="280" height="96" border="0" align="center" cellpadding=
                   "0" cells:pacing="1" bgcolor="#999999">
9:    <tr>
10:      <td colspan="2" align="center" bgcolor="#FFFFFF">用户登录</td>
11:    </tr>
12:    <tr>
13:       <td align="right" bgcolor="#FFFFFF">用户名:</td>
14:       <td align="left" bgcolor="#FFFFFF">
15:         <input type="text" name="user_name" size="12">
16:       </td>
17:    </tr>
18:    <tr>
19:      <td align="right" bgcolor="#FFFFFF">口令:</td>
20:      <td align="left" bgcolor="#FFFFFF">
21:   <input type=" password " name="user_pw" size="12"></td>
22:    </tr>
23:    <tr>
24:      <td colspan="2" align="center" bgcolor="#FFFFFF">
25:        <input type="submit" name="Submit" value="提交"> 
26:        <input type="reset" name="Submit2" value="重置"></td>
27:    </tr>
28:    </table>
29:    </form>
30:   </BODY>
31: </HTML>
```

程序 7-1.php 的运行结果如图 7-1 所示。

其次，建立一个名为 "7-1action.php" 的文件，在 "7-1.php" 文件中，第 7 行已经规定图 7-3 所示的用户填写表单的内容要提交到

图 7-1 程序 7-1.php 的运行结果

"7-1action.php" 文件中。也就是要在这个文件中利用 Cookie 模拟用户的登录是否成功。

123

"7-1action.php"文件的详细代码如下。

```
1:<?php
2:    //文件 7-1action.php:COOKIE 实现用户登录
3:    setcookie("user_name",$_POST[user_name]);
4:    setcookie("user_pw",$_POST[user_pw]);
5:?>
6:<HTML>
7:    <HEAD>
8:        <TITLE>COOKIE 实现用户登录</TITLE>
9:    </HEAD>
10:    <BODY>
11:        <?php
12:        if($_POST["user_name"]=="php" && $_POST["user_pw"]=="php5"){
13:            echo "恭喜您,用户名和口令正确,登录成功!";
14:            echo "<a href=7-1action-check.php>单击检测 Cookie 的值是否可以页
                 间传递</a>";
15:        }else{
16:            echo "您输入的用户名和口令不正确,请<a href=7-1.php>返回</a>
                 请尝试:php 和 php5";
17:            }
18:        echo "<br>您输入的用户名为:".$_COOKIE["user_name"];
19:        echo "<br>口令为:".$_COOKIE["user_pw"];
20:        ?>
21:    </BODY>
22:</HTML>
```

程序 "7-1action.php" 中第 8 行和第 9 行是接受 "7-1.php" 程序中第 15 行和第 21 行表单传递的变量值,并注册为 Cookie,此时 "$_COOKIE["user_name"]" 和 "$_COOKIE["user_pw"]" 均为全局变量,只要是由程序 "7-1action.php" 跳转过去的页面,这两个变量的值均可用。

在图 7-1 中输入用户名 "abc" 和密码 "123" 后单击 "提交" 按钮会出现如图 7-2(a)所示的运行效果。

再在一个新的浏览器窗口中,运行 7-1.php,结果如图 7-1 所示,输入用户名 "php" 和密码 "php5" 后单击 "提交" 按钮会出现如图 7-2(b)所示的运行效果。

(a)

(b)

图 7-2　程序 7-1action.php 的运行结果

(a)输入的不正确的用户名和口令;(b)输入正确的用户名和口令

图 7-2 中的两种运行效果是在不同的浏览器窗口中实现的。若在同一窗口中单击(a)中的"返回"即返回到图 7-1,再输入正确的用户名和密码,是不会出现(b)的运行结果的。

在图 7-2(b)中,单击"点击检测 Cookie 的值是否可以页间传递"链接会出现图 7-3 所示的运行结果。

文件"7-1action.php- check.php"的详细代码如下。

```
1:  <!--文件 7-1action-check.php:COOKIE 页间传递-->
2:  <HTML>
3:  <HEAD>
4:   <TITLE>COOKIE 页间传递</TITLE>
5:  </HEAD>
6:  <BODY>
7:    <?php
8:      if($_COOKIE["user_name"]!="" && $_COOKIE["user_pw"]!=""){
9:       echo "Cookie 页间传递成功!<br>";
10:      echo "您输入的用户名为:".$_COOKIE["user_name"];
11:     echo "<br>口令为:".$_COOKIE["user_pw"];
12:       }else{
13:           echo "Cookie 页间传递失败,其值为空!<br>";
14:             }
15:   ?>
16:  </BODY>
17:</HTML>
```

下面来检测一下当系统设为禁用时,Cookie 是否可以在不同的页间传递。在 IE 的"工具"菜单中有"Internet 选项"菜单项,打开后再选"隐私"→"高级",将安全设置中的"第一方 Cookie"设为阻止时,其运行结果如图 7-4 所示。

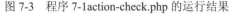

图 7-3 程序 7-1action-check.php 的运行结果

图 7-4 将系统设为禁用 cookies 时程序
7-1action-check.php 的运行结果

7.3.1.2 Session 机制的原理及使用

Session 存储于服务器端(默认以文件方式存储),根据客户端提供的 session id 得到用户的文件,取得变量的值,session id 可以使用客户端的 Cookie 或者访问的 URL 的附加数据传送给服务器,然后服务器读 Session 的目录。也就是说,session id 是取得存储在服务上 Session 变量的身份证。如果配置文件"php.ini"中没有设置"session.auto_start=1",那么要使用 Session

就必须先运行代码 session_start()；运行的时候，就在服务器上产生了一个 Session 文件，随之也产生了与之唯一对应的一个 session id，定义 Session 变量并以一定形式存储在刚才产生的 Session 文件中。通过 session id，可以取出定义的变量。

下面通过一个实例来学习 Session 的使用。

把文件"7-1.php"、"7-1action.php"、"7-1action-check.php"中的代码做一些改动。

（1）程序"7-1.php"中的执行代码无需变化，详情请查看代码"7-2action.php"。

（2）程序"7-1action.php"中的执行代码去掉以下代码：

```
setcookie("user_name",$_POST[user_name]);
setcookie("user_pw",$_POST[user_pw]);
```

增加以下代码：

```
$_SESSION["user_name"]=$_POST["user_name"];
$_SESSION["user_pw"]=$_POST["user_pw"];
```

并做下列替换：

将"$_COOKIE["user_name"]"替换成"$_SESSION["user_name"]"；
将"$_COOKIE["user_pw"]"替换成"$_SESSION["user_pw"]"。

详情请查看代码"7-2action.php"。

（3）程序"7-2action-check.php"中的执行代码做如下替换：

将"$_COOKIE["user_name"]"替换成"$_SESSION["user_name"]"；
将"$_COOKIE["user_pw"]"替换成"$_SESSION["user_pw"]"。

详情请查看代码"7-2action-check.php"。

其运行的结果如图 7-5 所示。

图 7-5　Session 使用实例

（a）程序 7-2.php 的运行结果；（b）程序 7-4 action.php 的运行结果；（c）程序 7-2action-check.php 的运行结果

不难发现，注册 Session 的方法为：$_SESSION["Session_name"]=值。

7.3.1.3　Cookie 与 Session 的比较

1．存储机制。

Cookie 是一种在远程浏览器端存储数据并以此来跟踪和识别用户的机制，而 Session 是存储于服务器端（默认以文件方式存储 session）的。

2. 生效条件

Cookie 的生效与浏览器端设置有关，如果浏览器端禁用了 Cookie，那么它就不能生效了。Session 的生效与服务器端的配置有关，如果"php.ini"中没有设置"session.auto_start=1"，那么要使用 Session 就必须先运行代码 session_start()。

3. 注册方法

Cookie 的注册方法为：setcookie("cookie_name","值")；Session 的注册方法为：$_SESSION["Session_name"]=值。

4. 生效范围

Cookie 的生效范围为注册后的所有页，Session 的生效范围为注册起的所有页。

值得注意的是，PHP 中的 Session 在默认情况下是使用客户端的 Cookie 来保存 session id 的，所以当客户端的 Cookie 出现问题时就会影响 Session 了。但是，Session 不一定必须依赖 Cookie，这也是 Session 相比 Cookie 的高明之处。当客户端的 Cookie 被禁用或出现问题时，PHP 会自动把 session id 附着在 URL 附加数据中，这样再通过 session id 就能跨页使用 Session 变量了。

7.3.2 用内置数组获取服务器环境信息

$_SERVER 是一个包含诸如头信息（header）、路径（path）和脚本位置（script locations）的数组。数组的实体由 web 服务器创建，但是并不能保证所有的服务器都能产生所有的信息；服务器可能忽略了一些信息，或者产生了一些未在表 7-1 中列出的新的信息。

$_SERVER 是一个"superglobal"，或者可以说是一个自动全局变量。这就意味它在所有的脚本中都有效，而且在函数或方法中不需要使用 global $_SERVER，直接访问就可以了。

要想访问$_SERVER 中的某一个信息，可以采用下面的方式：

$_SERVER["信息名称"]或$_SERVER['信息名称']

其中具体的信息名称如表 7-1 所示。

表 7-1 $_SERVER 中的信息及其含义

信 息 名	含 义
PHP_SELF	当前正在执行脚本的文件名，与 document root 相关。
argv	传递给该脚本的参数。当脚本运行在命令行方式时，argv 变量传递 C 语言程序样式的命令行参数。当调用 GET 方法时，该变量包含请求的数据
argc	包含传递给程序的命令行参数的个数（如果运行在命令行模式）
GATEWAY_INTERFACE	服务器使用的 CGI 规范的版本，如"CGI/1.1"
SERVER_NAME	当前运行脚本所在服务器主机的名称。如果该脚本运行在一个虚拟主机上，该名称由虚拟主机所设置的值决定
SERVER_SOFTWARE	服务器标识的字符串，在响应请求时的头信息中给出
SERVER_PROTOCOL	请求页面时通信协议的名称和版本，如"HTTP/1.0"
REQUEST_METHOD	访问页面时的请求方法，如"GET"、"HEAD"，"POST"，"PUT"
REQUEST_TIME	请求开始时的时间戳，从 PHP 5.1.0 起有效

信 息 名	含 义
QUERY_STRING	查询（query）的字符串（URL 中第一个问号?之后的内容）
DOCUMENT_ROOT	当前运行脚本所在的文档根目录，在服务器配置文件中定义
HTTP_ACCEPT	当前请求的 Accept：头信息的内容
HTTP_ACCEPT_CHARSET	当前请求的 Accept-Charset：头信息的内容，如 "iso-8859-1，*，utf-8"
HTTP_ACCEPT_ENCODING	当前请求的 Accept-Encoding：头信息的内容，如 "gzip"
HTTP_ACCEPT_LANGUAGE	当前请求的 Accept-Language：头信息的内容，如 "en"
HTTP_CONNECTION	当前请求的 Connection：头信息的内容，如 "Keep-Alive"
HTTP_HOST	当前请求的 Host：头信息的内容
HTTP_REFERER	链接到当前页面的前一页面的 URL 地址。不是所有的用户代理（浏览器）都会设置这个变量，而且有的还可以手工修改 HTTP_REFERER。因此这个变量不总是真实、正确的
HTTP_USER_AGENT	当前请求的 User-Agent：头信息的内容。该字符串表明了访问该页面的用户代理的信息。一个典型的例子是：Mozilla/4.5 [en]（X11；U；Linux 2.2.9 i586）。也可以使用 get_browser()得到此信息
HTTPS	如果脚本是通过 HTTPS 协议被访问，则被设为一个非空的值
REMOTE_ADDR	正在浏览当前页面用户的 IP 地址。常用于记录访问用户的 IP
REMOTE_HOST	正在浏览当前页面用户的主机名。反向域名解析基于该用户的 REMOTE_ADDR
REMOTE_PORT	用户连接到服务器时所使用的端口
SCRIPT_FILENAME	当前执行脚本的绝对路径名
SERVER_ADMIN	该值指明了 Apache 服务器配置文件中的 SERVER_ADMIN 参数。如果脚本运行在一个虚拟主机上，则该值是虚拟主机的值
SERVER_PORT	服务器所使用的端口，默认为 "80"。如果使用 SSL 安全连接，则这个值为用户设置的 HTTP 端口
SERVER_SIGNATURE	包含服务器版本和虚拟主机名的字符串
PATH_TRANSLATED	当前脚本所在文件系统（不是文档根目录）的基本路径。这是在服务器进行虚拟到真实路径的映像后的结果
SCRIPT_NAME	包含当前脚本的路径。这个信息在页面需要指向自己时非常有用。_FILE_包含当前文件的绝对路径和文件名（如包含文件）
REQUEST_URI	访问此页面所需的 URI，如 "/index.html"
PHP_AUTH_DIGEST	当作为 Apache 模块运行时，进行 HTTP Digest 认证的过程中，此变量被设置成客户端发送的 "Authorization" HTTP 头内容（以便作进一步的认证操作）
PHP_AUTH_USER	当 PHP 运行在 Apache 或 IIS（PHP 5 是 ISAPI）模块方式下，并且正在使用 HTTP 认证功能时，这个变量便是用户输入的用户名
PHP_AUTH_PW	当 PHP 运行在 Apache 或 IIS（PHP 5 是 ISAPI）模块方式下，并且正在使用 HTTP 认证功能时，这个变量便是用户输入的密码
AUTH_TYPE	当 PHP 运行在 Apache 模块方式下，并且正在使用 HTTP 认证功能时，这个变量便是认证的类型

下面来看一个具体的应用实例。

```
1:    <!--文件 7-3.php:服务器信息的获取-->
2:    <HTML>
3:    <HEAD>
4:        <TITLE>服务器信息的获取</TITLE>
5:    </HEAD>
6:        <BODY>
7:            <?php
```

```
8:              echo "1、".$_SERVER["PHP_SELF"]."<br>";
9:              echo "2、".$_SERVER["argv"]."<br>";
10:             echo "3、".$_SERVER["argc"]."<br>";
11:         echo "4、".$_SERVER["SERVER_NAME"]."<br>";
12:         echo "5、".$_SERVER["SERVER_SOFTWARE"]."<br>";
13:      echo "6、".$_SERVER["SERVER_PROTOCOL"]."<br>";
14:      echo "7、".$_SERVER["REQUEST_METHOD"]."<br>";
15:      echo "8、".$_SERVER["REQUEST_TIME"]."<br>";
16:      echo "9、".$_SERVER["QUERY_STRING"]."<br>";
17:      echo "10、".$_SERVER["DOCUMENT_ROOT"]."<br>";
18:      echo "11、".$_SERVER["HTTP_ACCEPT"]."<br>";
19:      echo "12、".$_SERVER["HTTP_ACCEPT_ENCODING"]."<br>";
20:      echo "13、".$_SERVER["HTTP_ACCEPT_LANGUAGE"]."<br>";
21:      echo "14、".$_SERVER["HTTP_CONNECTION"]."<br>";
22:        echo "15、".$_SERVER["HTTP_HOST"]."<br>";
23:      echo "16、".$_SERVER["HTTP_USER_AGENT"]."<br>";
24:      echo "17、".$_SERVER["HTTPS"]."<br>";
25:      echo "18、".$_SERVER["REMOTE_ADDR"]."<br>";
26:      echo "19、".$_SERVER["REMOTE_HOST"]."<br>";
27:      echo "20、".$_SERVER["SCRIPT_FILENAME"]."<br>";
28:      echo "21、".$_SERVER["SERVER_PORT"]."<br>";
29:      echo "22、".$_SERVER["PATH_TRANSLATED"]."<br>";
30:        echo "23、".$_SERVER["SCRIPT_NAME"]."<br>";
31:      echo "24、".$_SERVER["REQUEST_URI"]."<br>";
32:      ?>
33:  </BODY>
34:</HTML>
```

直接在浏览器的地址栏中输入"http：//localhost/phpsource/chapt07/7-3.php"，其运行效果如图 7-5（a）所示，在浏览器的地址栏中输入"http：//localhost/phpsource/chapt07/7-3.php?id=6"，其运行效果如图 7-5（b）所示。同样，在浏览器的地址栏中输入"http：//127.0.0.1/ phpsource/chapt07/7-3.php"和"http：// 127.0.0.1/phpsource/chapt07/7-3.php? id=6"，又会得到不完全相同的运行效果。从图 7-5（a）和图 7-5（b）所示的结果进行分析，可以看出不同的服务器的信息有的时候输出效果是一样的，如图 7-6（a）中的 23 行和 24 行；有的服务器信息在某些时候是没有输出值的，而当地址栏信息发生变换时就有了输出值，如第 9 行。

（a）

（b）

图 7-6　程序 7-5.php 的运行结果

7.4 独 立 探 索

自己动手编写完整的多用户博客系统的登录页面。

7.5 项 目 确 定

完成多用户博客系统中注册用户和超级管理员管理功能页面的安全性和安全退出的相关代码。

7.6 协 作 学 习

1．独立完成 7.5 中的任务，写出具体的完成情况。
2．与同组的同学交换检查是否正确，若有错误写出错误原因。
3．若还讨论了其他问题，请写出题目及讨论的结果。

7.7　学　习　评　价

分数：_____

学习评价共分为三部分：自我评价、同学评价、教师评价，分值分别为：30、30、40分。

评价项目	分数	评　价　内　容
自我评价		
同学评价		签名：_____
教师评价		签名：_____

子项目八　系统的进一步完善

8.1　情　景　设　置

在子项目一中，我们分析了多用户博客系统的用户、功能以及较为详细的功能流程。

在子项目二中，我们为多用户博客系统的开发搭建好了所需要的服务环境。

在子项目三中，我们搭建好了项目要存储信息的数据平台。

在子项目四中，我们学习并掌握了在 HTML 中如何嵌入 PHP 及与 PHP 相关的基础知识。

在子项目五中，我们学习并掌握了 PHP 操作 MySQL 数据的方法，以及分页实现的技巧；同时，我们也编写了类库简化了链接语句，增强了可移植性。

在子项目六中，我们解决了数据传递与文件上传的问题，也就是与操作用户数据交流或对话的问题。

在子项目七中，我们解决了用户的身份验证机制，也就是解决了简单的系统安全问题。

到现在为止，我们再来仔细分析，我们的系统还有哪些可以进一步完善的地方？

（1）我们在子项目三中设计的存储数据的数据表结构是否能够完全满足的子项目一分析的多用户博客系统的全部功能需要？

（2）我们在子项目七中使用的身份验证机制，实现了用户的登录，能否再进一步保证其安全？

要想解决第（1）个问题，我们不妨考虑一下把数据库中没有地方存储的数据直接存放到记事本中，也就是采用 PHP 操作文件的方法；要解决第（2）个问题我们可以考虑加上验证码来进一步保证系统的安全。其实，这些问题都需要用到 PHP 的内置函数。在本子项目中，我们就来学习一下 PHP 内置函数的使用，以进一步完善我们开发的系统。

8.2　知　识　链　接

（1）PHP 5 内置函数概述；

（2）数组函数；

（3）字符串处理函数；

（4）时间日期函数；

（5）数学函数；

（6）图像处理函数；

（7）文件系统函数。

8.3 知 识 讲 解

8.3.1 PHP 5 内置函数概述

8.3.1.1 标准函数与扩展函数

子项目四中已经提到过函数的概念。PHP 中的函数分为内置函数和用户自定义函数两大类。内置函数由 PHP 开发者编写并已嵌入到 PHP 当中,用户可以在程序中直接使用。而自定义函数则是用户根据自己的特殊需求编写的函数。实际上使用 PHP 开发者提供的大量的内置函数可以轻松地完成很多操作。可以说,学习和使用函数是学习 PHP 的重要步骤,也是用 PHP 编写复杂程序的重要前提。

PHP 中的内置函数也大体分为两大类,一是标准函数库,二是扩展函数库。标准函数库中的函数存放在 PHP 内核中,可以在程序中直接使用,不需要其他任何声明、载入等操作。而扩展函数库中的函数一般不能直接使用,而是按照个人不同的需求有选择地使用。这些扩展函数按照功能的不同被分门别类地封装在多个 DLL 函数库中,这些 DLL 库存放在 PHP 安装文件夹下。在 PHP 5 中,扩展函数被存放在 PHP 安装目录的 ext/子目录下,如图 8-1 所示。

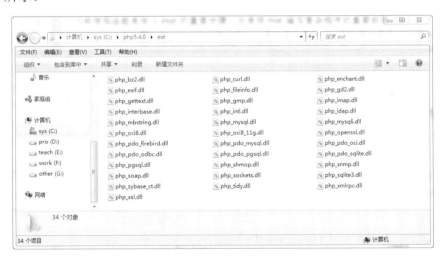

图 8-1 PHP 中的内置扩展函数库

当用户需要用到扩展函数库中的这些函数时,只需要在 php.ini 配置文件中将此扩展库打开即可,它们在 php.ini 中的位置如图 8-2 所示。

8.3.1.2 启用扩展函数库

打开一个扩展库的方法很简单,只需要将";extension=php_xxx.dll"前面的分号";"去掉,并保存 php.ini 文件,然后重新启动 IIS 或者 APACHE,此时 php.ini 生效,此扩展随即可以使用。

在本书的程序中用到的函数,绝大多数都属于标准内置函数,不需要对 PHP 做特殊的配置就能够直接使用。如果用到扩展函数库中的函数,我们会进行说明。读者如果在编写程序过程中，遇到有的 PHP 函数不能使用的情况，应当考虑是否因为没有打开相应的扩展库。如果没有打开相应的扩展库，PHP 系统一般会给出"Fatal error：Call to undefined function…"的提示。

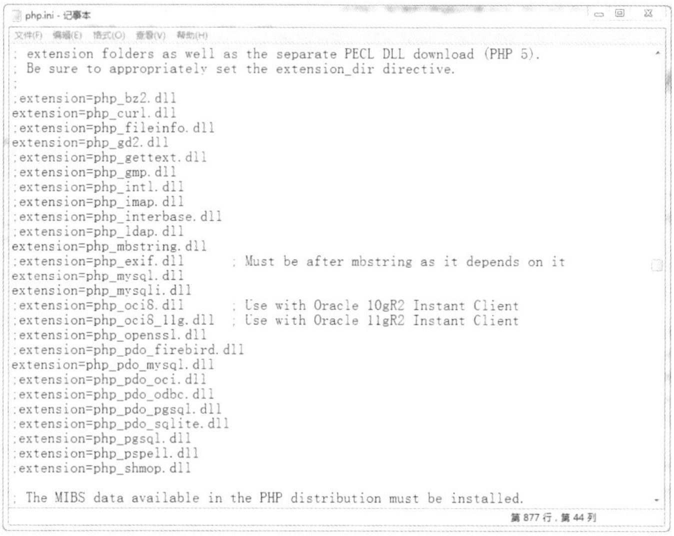

图 8-2　扩展函数库在 php.ini 中的位置

接下来介绍一些最为常用的 PHP 内置函数。

8.3.2　数组函数

8.3.2.1　数组函数概述

数组是编程中的重要元素，在 PHP 中也不例外。在 PHP 语法部分已经介绍了数组的定义和使用，对数组有了一定了解。PHP 中还为用户提供了一系列用来操作数组的函数，这些函数为标准函数，可以直接使用。表 8-1 列出了 PHP5 提供的数组函数。

表 8-1　　　　　　　　　　　　　　PHP 5 的数组操作函数

函　数　名	功　　能
array_change_key_case	返回字符串键名全为小写或大写的数组
array_chunk	将一个数组分割成多个
array_combine	创建一个数组，用一个数组的值作为其键名，用另一个数组的值作为其值
array_count_values	统计数组中所有的值出现的次数
array_fill	用给定的值填充数组
array_flip	交换数组中的键和值
array_keys	返回数组中所有的键名
array_map	将回调函数作用到给定数组的单元上
array_merge_recursive	递归地合并一个或多个数组
array_merge	合并一个或多个数组

134

函 数 名	功 能
array_multisort	对多个数组或多维数组进行排序
array_pad	用值将数组填补到指定长度
array_pop	将数组最后一个单元弹出（出栈）
array_product	计算数组中所有值的乘积
array_push	将一个或多个单元压入数组的末尾（入栈）
array_rand	从数组中随机取出一个或多个单元
array_reverse	返回一个单元顺序相反的数组
array_shift	将数组开头的单元移出数组
array_slice	从数组中取出一段
array_splice	把数组中的一部分去掉并用其他值取代
array_sum	计算数组中所有值的和
array_unique	移除数组中重复的值
array_unshift	在数组开头插入一个或多个单元
array_values	返回数组中所有的值
array_walk_recursive	对数组中的每个成员递归地应用用户函数
array_walk	对数组中的每个成员应用用户函数
array	新建一个数组
arsort	对数组进行逆向排序并保持索引关系
asort	对数组进行排序并保持索引关系
compact	建立一个数组，包括变量名和它们的值
count	计算数组中的单元数目或对象中的属性个数
current	返回数组中的当前单元
each	返回数组中当前的键/值对并将数组指针向前移动一步
end	将数组的内部指针指向最后一个单元
extract	从数组中将变量导入到当前的符号表
in_array	检查数组中是否存在某个值
key	从关联数组中取得键名
krsort	对数组按照键名逆向排序
ksort	对数组按照键名排序
list	把数组中的值赋给一些变量
natcasesort	用"自然排序"算法对数组进行不区分大小写字母的排序
natsort	用"自然排序"算法对数组排序
next	将数组中的内部指针向前移动一位
prev	将数组的内部指针倒退一位
range	建立一个包含指定范围单元的数组

续表

函 数 名	功 能
reset	将数组的内部指针指向第一个单元
rsort	对数组逆向排序
shuffle	将数组打乱
sizeof	count()的别名
sort	对数组排序
uasort	使用用户自定义的比较函数对数组中的值进行排序并保持索引关联
uksort	使用用户自定义的比较函数对数组中的键名进行排序
usort	使用用户自定义的比较函数对数组中的值进行排序

看到这个表读者可能大吃一惊，PHP 开发者竟然提供了如此丰富的函数！实际上，PHP提供的数组操作函数多达 110 多个，表 8-1 中并未列出全部函数，只列出了其中较为常用的函数。

即使是表中列出的函数，这里也不可能一一讲解其使用方法。下面将着重讲解其中最为常用的几个，其他函数读者可以参考 PHP 手册来学习其使用方法。有些读者可能会被这密密麻麻的函数吓倒，认为学习 PHP 很难。实际上学习者都不可能把这所有的函数都记住，除了少量的极为常用的函数需要记住以外，其他大多数函数都没有必要去死记硬背。一种比较好的学习方法是将所有函数浏览一遍，并大体记住其功能。等到编程中遇到类似问题时，可以通过查找函数手册找到函数的使用方法，然后应用到程序中。实际上很多编程语言的函数库、类库都很庞大，不可能在短时间内全部掌握，都有一个逐渐熟悉、积累的过程。

下面以几个函数为例来说明数组处理函数的使用。

8.3.2.2 array()函数

array()函数用来建立一个新数组，函数的参数可以是一个混合类型，下面看一个例子。

```
1:<!--文件 8-1.php:用 array()函数建立数组-->
2:<HTML>
3:    <HEAD>
4:        <TITLE>array 函数的使用</TITLE>
5:    </HEAD>
6:    <BODY>
7:        <?php
8:        $arr1=array(0,1,2,3,4);
9:        $arr2=array("a"=>0,"b"=>1,"c"=>2,"d"=>3,"e"=>4);
10:            echo "\$arr1[0]=".$arr1[0];
11:            echo "<br>";
12:            echo "\$arr2[\"a\"]=".$arr2["a"];
13:        ?>
14:    </body>
15:    </HTML>
```

程序 8-1.php 中首先用 array()函数定义了拥有 5 个元素的数组$arr1，并且每个元素分别赋值 0，1，2，3，4。然后定义了同样 5 个元素的数组$arr2，并分别赋值 0，1，2，3，4。两个数组的不同是第一个数组用了默认的数字作为下标，第二个数组用了自定义的字符作为下标。因此最后输出数组元素时也使用了各自对应的下标。程序的运行结果如图 8-3 所示。

图 8-3 程序 8-1.php 的运行结果

8.3.2.3 count()函数

count()函数可以用来统计一个数组中元素的个数，在循环遍历一个未知长度的数组时非常有用。看下面的例子。

```
1:<!--文件 8-2.php:Count 函数的使用-->
2:<HTML>
3:    <HEAD>
4:        <TITLE>Count 函数的使用</TITLE>
5:    </HEAD>
6:    <BODY>
7:        <?php
8:            $arr1=array(0,1,2,3,4);
9:            Echo "数组\$arr1 中元素的个数为:".count($arr1);
10:        ?>
11:    </BODY>
12: <HTML>
```

程序运行后将输出："数组$arr1 中元素个数为：5"。

8.3.2.4 each()函数

each()函数可以返回一个数组中当前元素的键和值，并将数组指针向前移动一步，常常被用在循环中，用来遍历一个数组。

```
1:    <!--文件 8-3.php:each 函数的使用-->
2:    <HTML>
3:    <HEAD>
4:        <TITLE>each 函数的使用</TITLE>
5:        </HEAD>
6:        <BODY>
7:            <?php
8:                $arr = array("name"=>"Bob","age"=>20,"sex"=>"male","postcode"=> "100000");
9:                for($i=0;$i<count($arr);$i++){
10:                $keyAndValue=Each($arr);
11:                echo $keyAndValue["key"]."=>".$keyAndValue["value"];
12:                echo "<br>";
13:            }
14:        ?>
15: </BODY>
16:</HTML>
```

程序 8-3.php 首先定义了一个数组$arr，并且为其赋值。值得注意的是，数组下标不是按顺序递增的数字，而是毫无规律的字符串。所以不能直接用一个递增的数字作为下标来输出，循环输出遇到了困难。但是使用 each()函数可以获得这个数组的下标及下标对应的值，因此就可以使用循环输出每一个元素的下标和值。函数 each（$arr）将$arr 数组中当前元素的下标和值都存放到另外一个数组$kav 中，然后将数组指针指到下一个元素。$kav 数组的下标分别为 key 和 value。这样只需要调用$kav["key"]和$kav["value"]即可获得该元素的下标和值。输出这两个值后本次循环结束，执行下一次循环，这样又输出了下一个元素的值，依此类推，整个数组都被动态循环输出了。程序的运行结果如图 8-4 所示。

图 8-4　程序 8-3.php 的运行结果

我们通过程序 8-4.php 看到了 each()函数的妙用。实例 8-3.php 中的代码还可以继续简化，也可以不用 count()函数来统计数组元素的个数，也可以实现动态循环输出一个未知长度的数组。

```
1:   <!--文件 8-4.php:each 函数的使用-->
2:   <HTML>
3:   <HEAD>
4:       <TITLE>each 函数的使用</TITLE>
5:   </HEAD>
6:   <BODY>
7:       <?php
8:           $arr = array("name" = >"Bob","age"=>20,"sex" = >"male","postcode"=>
"100000");
9:           While($kav=each($arr)){
10:          echo $kav["key"]."=>".$kav["value"];
11:          echo "<br>";
12:          }
13:       ?>
14:  </BODY>
15:  </HTML>
```

程序 8-4.php 的代码比程序 8-3.php 简洁，实现的效果却完全相同。例 8-4 利用了 each()函数的一个重要性质，那就是当数组已经到达末尾时 each()函数返回 false。通过前面所学的知识，读者知道 false 是一个布尔值，表示"否"。因此它正好可以作为 while 循环的结束条件。这样，可以用一个 while 循环来每次读取$arr 数组中的一个元素，不管数组有多少个元素，当指针到达末尾时，each（$arr）返回 false，循环结束，程序执行完成。同样实现了动态输出未知长度的数组的功能。程序的运行结果如图 8-4 所示。

例 8-4.php 也说明实现同一个功能可以选择多种途径。作为程序开发人员，应该尽量选择更加简洁、高效的途径。

8.3.2.5　current()、reset()、end()、next()和 prev()函数

之所以要将这 5 个函数并列起来介绍，是因为这 5 个函数的作用相似——它们都用来操作数组内部的指针。PHP 中使用一个内部指针来指向一个数组。需要访问数组中的某一元素

时，只需要将指针移动到该元素的位置，即可取出该元素，这大大方便了用户对数组的操作。下面先详细说明这 5 个函数的作用，然后通过一个例子来验证其使用效果。

current()：返回当前内部指针所指的元素的值。当到达数组末尾时返回 false。

reset()：将内部指针指向数组的第一个元素，并返回其值。数组为空时返回 false。

end()：将内部指针指向数组的最后一个元素，并返回其值。

next()：将数组指针指向当前元素的下一个元素，并返回其值。到达末尾时返回 false。

prev()：将数组指针指向当前元素的上一个元素，并返回其值，当到达顶端时返回 false。

上面 5 个函数的返回值均为 mixed 类型，根据数组元素值的类型不同而返回不同的类型。在这里要注意 current()函数和 next()函数的不同。他们虽然都是取出一个元素值，但是 current()并不移动指针。也就是说，current()返回的是未移动指针之前所指向的元素的值，而 next()返回的是移动指针之后所指向的元素的值。下面来看一个例子。

```
1:    <!--文件 8-5.php:数组内部指针移动-->
2:    <HTML>
3:    <HEAD>
4:        <TITLE>数组内部指针移动函数的综合应用</TITLE>
5:    </HEAD>
6:        <BODY>
7:        <?php
8:        $arr=array(1,2,3,4,5,6,7,8,9,10);
9:        echo "调用 current():".current($arr);
10:       echo "<br>";
11:       echo "再次调用 current():".current($arr);
12:       echo "<br>";
13:       echo "调用 next():".next($arr);
14:       echo "<br>";
15:       echo "调用 reset():".reset($arr);
16:       echo "<br>";
17:       echo "调用 end():".end($arr);
18:       echo "<br>";
19:           echo "调用 prev():".prev($arr);
20:    ?>
21: </BODY>
22: </HTML>
```

程序 8-5.php 中定义了一个数组$arr，并且用 10 个数字对其进行了初始化。然后分别调用上述 5 个函数来观察其运行效果。为了使输出结果直观,在每一次调用之后都输出一个换行。程序运行结果如图 8-5 所示。

图 8-5　程序 8-5.php 的运行结果

下面来分析程序的运行流程和对应的输出结果：

（1）数组初始化完成，内部指针指向第一个元素（元素值为 1）。

（2）第一次调用 current()函数，返回当前元素值 1，指针不变。

（3）再次调用 current()函数，由于内部指针不变，仍然返回 1。

（4）调用 next()函数，内部指针指向下一个元素，并返回其值（返回 2）。

（5）调用 reset()函数，内部指针再次指向第一个元素，返回 1。

（6）调用 end()函数，内部指针指向最后一个元素，并返回其值（返回 10）。

（7）调用 prev()函数，内部指针指向前一个元素，并返回其值（返回 9）。

关于 PHP 的数组函数，就介绍到这里。表 8-1 中列出的其他函数，如果读者感兴趣可以自行编写程序进行测试。函数的参数、返回值类型等均可以通过查看 PHP 手册获得。

8.3.3 字符串处理函数

8.3.3.1 字符串处理函数概述

在 Web 编程中，字符串是使用最为频繁的数据类型之一。因为 PHP 不是一门强固类型化语言，因此很多数据都可以方便的作为字符串来处理。字符串操作是编程中极为常用的操作，从简单的打印输出一行字符串到复杂的正则表达式等，处理目标都是字符串。PHP 提供了大量实用的函数，可以帮助用户完成许多复杂的字符串处理工作。PHP 提供的字符串处理函数及其功能如表 8-2 所示。

表 8-2   PHP 常用字符串操作函数

函　数　名	功　　能
addcslashes	像 C 一样使用反斜线转义字符串中的字符
addslashes	使用反斜线引用字符串
bin2hex	将二进制数据转换成十六进制表示
chop	rtrim()的别名
chr	返回指定的字符
chunk_split	将字符串分割成小块
convert_cyr_string	将字符由一种 Cyrillic 字符转换成另一种
convert_uudecode	对一个未编码字符串进行编码
convert_uuencode	对一个字符串进行解码
count_chars	返回字符串所用字符的信息
crc32	计算一个字符串的 crc32 多项式
echo	输出字符串
explode	使用一个字符串分割另一个字符串
fprintf	将格式化字符串写入流
html_entity_decode	将 HTML 标记转换为特殊字符
htmlspecialchars	将特殊字符转换为 HTML 标记
implode	合并数组元素到一个字符串中
join	Implode 函数的别名
ltrim	去除字符串左侧空格
md5_file	用 md5 算法对文件进行加密
md5	用 md5 算法对字符串进行加密
nl2br	将换行符替换成 HTML 的换行符

续表

函 数 名	功 能
number_format	将一个数字格式化成三位一组
ord	返回一个字符的 ASCII 码
print	输出字符串
printf	输出格式字符串
rtrim	去除字符串右侧空格
sprintf	返回一个格式字符串
str_pad	用一个字符串填充另外一个字符串到一定长度
str_repeat	重复输出一个字符串
str_replace	字符串替换
str_shuffle	随机打乱一个字符串
str_split	将字符串转换成数组
str_word_count	统计字符串中的单词数
strchr	strstr()的别名
strcmp	字符串比较大小
strip_tags	过滤掉字符串中的 PHP 和 HTML 标记
strlen	获得字符串的长度（所占字节数）
strpbrk	以子串中的任意一个字符第一次出现的位置为界将字符串分成两部分，并返回后半部分
strpos	查找一个子串在字符串中第一次出现的位置
strrpos	查找一个子串在字符串中最后一次出现的位置
strrev	将一个字符串顺序倒转
strrchr	查找一个字符在一个字符串中最后一次出现的位置并返回从此位置开始之后的字符串
strstr	查找一个子串在一个字符串中第一次出现的位置，并返回从此位置开始的字符串
strstr	strrchr 函数的别名
strtok	将字符串打碎成小段
strtolower	将字符串中的字符全部变为小写
strtoupper	将字符串中的字符全部变为大写
strtr	批量字符替换
substr_count	统计一个子串在字符串中出现的次数
substr_replace	在字符串内部定制区域内替换文本
substr	截取字符串的一部分
trim	去除字符串首尾的连续空格
ucfirst	将字符串首字母大写
ucwords	将字符串中每个单词的首字母大写

8.3.3.2 trim()、ltrim()、rtrim()、chop()和 strlen()函数

这 5 个函数中前 4 个函数的功能类似,因此将其放在一起介绍。chop()函数与 rtrim()函数作用相同,都是去除字符串右端的空格。ltrim()用来去除字符串左端的空格,而 trim()用来去除字符串左右两端的空格。

下面来看一个例子,其中用到了另外一个字符串处理函数 strlen()来获得字符串的长度。

```
1:    <!--文件 8-6.php:去除字符串两端空格-->
2:    <HTML>
3:    <HEAD>
4:         <TITLE>去除字符串两端空格</TITLE>
5:    </HEAD>
6:    <BODY>
7:        <?php
8:            $str=" 你看不到我 我是空格 ";
9:            echo "方括号中为原始字符串:[".$str."]<br>";
10:           echo "原始字符串长度:".strlen($str)."<br>";
11:           $str1=ltrim($str);
12:           echo "执行 ltrim()之后的长度:".strlen($str1)."<br>";
13:           $str2=rtrim($str);
14:           echo "执行 rtrim()之后的长度:".strlen($str2)."<br>";
15:           $str3=trim($str);
16:           echo "执行 trim()之后的长度".strlen($str3)."<br>";
17:           echo "去掉首尾空格之后的字符串:[".$str3."]";
18:        ?>
19:   </BODY>
20:   </HTML>
```

程序的运行结果如图 8-6 所示。

图 8-6 程序 8-6.php 运行结果

程序 8-6.php 首先构造了一个字符串$str,这个字符串由 9 个汉字和 4 个空格组成,4 个空格中有 2 个在左侧,1 个在中间,1 个在右侧(由于浏览器会忽略掉连续的空格,因此在浏览器中连续的两个空格的显示效果与一个空格相同)。由于每个汉字占 2 个字节,每个英文半角空格占 1 个字节,因此初始字符串的长度为 9*2+4=22。用 strlen()函数来输出其长度。

首先执行 ltrim()函数,将返回结果存放在$str1 中。由于 ltrim()函数会去掉字符串左侧的所有连续的空格,因此两个空格被去掉,$str2 的字符串长度为 20。

然后执行 rtrim()函数,将返回结果存放在$str2 中。rtrim()函数去掉了字符串$str 的右侧一个空格,因此$str2 的长度为 21。

最后执行 trim()函数。trim()函数去除字符串左右两侧的所有空格,因此左侧的 2 个空格

和右侧的 1 个空格被去掉，剩余的部分长度为 19。通过$str3 的输出也可以看出，字符串两侧的空格已经消失。

去除连续的空格往往用在做字符串比较之前。要比较两个字符串是否相同时，如果其中一个字符串首尾带有空格，那比较结果就会为假。如"abc"和"abc　"这两个字符串，看似内容完全相同，但由于后者多面多了一个空格，在比较时会返回 false。因此比较两个字符串变量的值是否相同，往往先用 trim 函数处理一下两侧的空格。

值得注意的是，trim 系列函数只去除字符串两侧的空格，而不会去除中间的空格。如例 8-6.php 中，"你看不到我"和"我是空格"之间有一个空格。调用这 3 个函数之后空格仍然存在，说明字符串中间的空格不会受影响。如果确实想去除掉一个字符串中的所有空格，可以使用后面要讲的字符串替换函数来实现。

8.3.3.3　ucwords()、ucfirst()、strtoupper()、strtolower()、str_word_count()函数

这 5 个函数用于处理字符串中的单词，包括转换大小写转换、计算单词个数等。还是通过一个例子来了解它们的用法。

```
1:   <!--文件 8-7.php:字符串中的单词处理-->
2:       <HTML>
3:       <HEAD>
4:          <TITLE>字符串处理中的单词处理</TITLE>
5:       </HEAD>
6:       <BODY>
7:       <?php
8:          $str="ni hao,wo jiao Wang Xiao-ming.";
9:          echo "原始字符串:".$str."<br>";
10:          $str1=ucfirst($str);
11:          echo "执行 ucfirst()之后:".$str1."<br>";
12:          $str2=ucwords($str);
13:          echo "执行 ucwords()之后:".$str2."<br>";
14:          $str3=strtoupper($str);
15:          echo "执行 strtoupper()之后:".$str3."<br>";
16:          $str4=strtolower($str);
17:          echo "执行 strtolower()之后:".$str4."<br>";
18:          echo "字符串中一共有:".str_word_count($str)."个单词。";
19:       ?>
20:   </BODY>
21:   </HTML>
```

程序的运行结果如图 8-7 所示。

图 8-7　程序 8-7.php 的运行结果

143

程序 8-7.php 构造了一个包含有 6 个单词、大小写混合的字符串，并用它来测试函数的运行结果。程序调用 ucfirst()函数将整个字符串首字母变为大写，调用 ucwords()函数将每个单词的首字母变为大写，调用 strtoupper()函数将全部字母都变成大写，调用 strtolower()函数将所有字母变成小写，最后调用 str_word_count()函数统计字符串中的单词个数。

8.3.3.4 字符串查找函数

程序中经常用到在一个字符串中查找某个字符或者某个子串的操作；对字符串中的某些字符按照用户的需求进行替换操作及截取字符串的一部分等。PHP 都已经准备好了一系列函数实现这些操作，用户只需要了解函数的使用方法，即可轻松实现。

常用的字符串查找函数有 substr_count()、strpos()、strrpos()、strstr()、strrchr()等。它们的使用方法和功能如下。

1. substr_count()函数

substr_count()函数的格式为：

```
int substr_count( string haystack,string needle [,int offset [,int length]] )
```

substr_count()函数用来统计一个字符串 needle 在另一个字符串 haystack 中出现的次数，该函数返回值是一个整数。可选参数有两个：offset 和 length，分别表示要查找的起点和长度。值得注意的是，offset 是从 0 开始计算，而不是从 1 开始计算的。

```
1:    <!--文件 8-8.php:用 substr_count 函数统计字符串出现次数-->
2:    <HTML>
3:     <HEAD>
4:        <TITLE>用 substr_count 函数统计字符串出现次数</TITLE>
5:     </HEAD>
6:    <BODY>
7:       <?php
8:          $str="I am an abstract about abroad.";
9:          echo substr_count($str,"ab");
10:         echo ",";
11:         echo substr_count($str,"ab",6,4);
12:      ?>
13:    </BODY>
14:    </HTML>
```

本例的输出结果为"3，1"。

substr_count（$str，"ab"）的作用是返回字符串"ab"在字符串$str 中的次数，由于"ab"在整个字符串中出现了三次，因此值为 3。

substr_count（$str，"ab"，6，4）的作用是返回字符串"ab"在$str 中的从第 6 个字符开始（包含第 6 个字符，而且从 0 开始计算）往后数 4 个字符为止（即第 9 个字符）之间的字符串中出现的次数。这个描述看起来非常拗口和难懂。不妨换一种描述方法：参数"6，4"限定了查找字符串的范围。不指定参数时，substr_count 函数从整个字符串$str 中查找"ab"的出现次数，而指定了参数之后，substr_count 函数从指定的范围内查找"ab"的出现次数。这个范围就是从字符串的第 6 个字符开始到第 9 个字符为止的 4 个字符。具体到本例中，就是"n ab"（注意 n 和 a 之间的一个空格也算一个字符）。显然，在这个范围内，"ab"只出现了一次，因此返回 1。

2. strrpos()函数和 strpos()函数

strrpos()函数的格式为：

```
int strrpos( string haystack,mixed needle [,int offset] )
```

该函数返回字符 needle 在字符串 haystack 中最后一次出现的位置。这里 needle 只能是一个字符，而不能是一个字符串。如果提供一个字符串，PHP 也只会取字符串的第一个字符，其他字符无效。参数 offset 也是用来限制查找的范围的。

strrpos()函数的格式为：

```
int strpos( string haystack,mixed needle [,int offset] )
```

该函数与 strrpos 函数仅一字之差，但功能相差很大。strpos()函数中的 needle 参数允许使用一个字符串，而且返回的是这个字符串在 haystack 中第一次出现的位置，而不是最后一次出现的位置。

```
1:  <!--文件 8-9.php:字符串查找函数的使用(一)-->
2:  <HTML>
3:    <HEAD>
4:      <TITLE>字符串查找函数的使用(一)</TITLE>
5:    </HEAD>
6:    <BODY>
7:      <?php
8:          $str="I am an abstract about abroad.";
9:          echo "原始字符串为:".$str."<br>";
10:         echo "ab 在字符串中的第一次出现位置为:".strpos($str,"ab")."<br>";
11:         echo "ab 在字符串中的最后一次出现位置为:".strrpos($str,"ab")."<br>";
12:         echo "abcd 在字符串中第一次出现的位置为:".strpos($str,"abcd");
13:      ?>
14:    </BODY>
15: </HTML>
```

本程序的运行结果如图 8-8 所示。

图 8-8　程序 8-9.php 的运行结果

程序 8-9.php 中首先构造了一个包含多个 "ab" 的字符串。然后分别调用 strpos 和 strrpos 函数来获得 "ab" 子串在字符串中第一次和最后一次出现的位置。输出结果为 8 和 23。这里有两点值得注意：第一点是这里的 8 和 23 都是从 0 开始计算的，而且是从子串的第一个字母出现的位置开始计算。如子串为 "ab"，找到 "ab" 之后，以 "a" 的位置序号作为函数的返回值，而不是 "b" 的位置序号。第二点是如果要查找的字符串不存在，则返回布尔值 false。由于 false 无法直接输出，因此最后查找 "abcd" 子串时没有任何输出。

3. strstr()函数和 strrchr()函数

strstr()函数和 strrchr()两个函数的格式分别是：

string strstr（ string haystack，string needle ）

string strrchr（ string haystack，string needle ）

由此可见，这两个函数均返回一个字符串，而不是返回一个表示位置的整数。两个函数函数名不同，使用方法完全相同，但是其作用略有不同。strstr()函数用来查找一个子串 needle 在字符串 haystack 中第一次出现的位置，并返回从此位置开始的字符串。strrchr()函数查找一个字符 needle 在字符串 haystack 中最后一次出现的位置并返回从此位置开始之后的字符串。

```
1:   <!--文件 8-10.php:字符串查找函数的使用(二)-->
2:   <HTML>
3:      <HEAD>
4:          <TITLE>字符串查找函数的使用(二)</TITLE>
5:      </HEAD>
6:      <BODY>
7:        <?php
8:             $str="千山鸟飞绝,万径人踪灭,孤舟蓑笠翁,独钓寒江雪。";
9:             echo "1.原始字符串为:".$str."<br>";
10:         echo "用 strstr 函数搜索","的返回结果:".strstr($str,",达式").
             "<br>";
11:         echo "用 strstr 函数搜索"孤舟"的返回结果:".strstr($str,"孤舟").
             "<br>";
12:          $str2="I have a great dream.";
13:          echo "2.原始字符串为:".$str2."<br>";
14:          echo "用 strrchr 函数搜索"e"的返回结果:".strrchr($str2,"e").
             "<br>";
15:          echo "试图用 strrchr 函数搜索"at"的返回结果:".strrchr($str2,"at");
16:        ?>
17:   </BODY>
18:   </HTML>
```

程序的运行结果如图 8-9 所示。

图 8-9　程序 8-10.php 的运行结果

通过深入分析本例的输出结果，就能够准确地把握 strstr 和 strrchr 函数的功能特点。

首先，在第一个字符串中；用 strstr 函数搜索逗号","。该函数返回字符串中第一次出现","的位置之后的字符串。由于第一次出现逗号是在"千山鸟飞绝"的"绝"字之后，因此，函数的返回结果就是"，万径人踪灭……"（注意逗号本身也会被返回）。为了证明 strstr 函数可以使用一个字符串而不仅仅是单个字符作为参数，又在字符串中搜索"孤舟"，显然应当返回"孤舟蓑笠翁……"和程序的运行结果相同。

然后，又构造了一个英文字母构成的字符串"I have a great dream."。用 strrchr 函数在字符串中查找"e"，返回字符串中最后一次出现"e"的位置之后的内容，程序中 3 次出现"e"，但最后一次出现是在"dream"中，于是函数返回"eam."（e 本身也被返回）。最后测试是否可以把一个字符串作为参数传递给 strrchr 函数，在字符串中查找字符串"at"。如果该函数支持字符串参数，按照上面的分析，应当返回"at dream."。但是根据图 8-9 的运行结果可知，返回的却是"am."。为什么呢？因为 strrchr 函数不支持字符串参数。如果提供了字符串参数，会自动截取字符串的第一个字符作为参数。也就是说参数"at"和参数"a"所起的作用一样。于是函数返回字符串中最后一次出现"a"之后的内容。也就是"am."。

可能有读者会问，为什么要构造一个英文的字符串来讲解 strrchr 函数呢？通过刚才的分析就已经能够得到答案。因为每一个汉字都占两个字节，在函数中两个字节会被认为是多个字符（英文中一个字符占一个字节）。因此，strrchr 函数就无法支持中文。也就是说不能把一个或多个中文字符作为参数传递给 strrchr 函数。

除了 strrchr 函数之外，PHP 中还有很多函数无法直接处理中文，这里不一一列出，读者在学习 PHP 和编写程序时应当多加注意。

8.3.3.5 字符串替换函数

字符串替换是 Web 编程当中极为常用的操作，如要过滤掉用户提交的不文明的词语，或者处理掉字符串中包含的危险脚本，替换掉某些关键词等。PHP 提供了一些函数来完成字符串替换操作，如 nl2br()、str_replace()等。

1. nl2br()函数

该函数的名字看起来比较怪，中间包含一个数字"2"，用汉语念起来似乎有点别扭。实际上这里的"2"在英文中念"two"，与"to"谐音，这里的"2"实际上就是"to"的一种缩写。明白了这一点之后，函数名字和功能就一目了然了。在很多中文参考资料中，将此函数的功能描述为"将换行符替换成 HTML 的换行符
"，本书也沿用这一解释。但是如果查阅英文版 PHP 手册，会发现大意为"在每一行前插入 HTML 换行标记
"。也就是说是"插入"而不是"替换"。但是我们在使用此函数时，就其效果而言相当于"替换"，因此我们仍然采用一贯的解释，将其归为字符串替换函数。

我们通过一个简单例子来说明此函数的作用。

```
1:<!--文件 8-11.php:nl2br()函数的使用-->
2:<HTML>
3:    <HEAD>
4:      <TITLE>nl2br()函数的使用</TITLE>
5:    </HEAD>
6:    <BODY>
7:     <form action="8-11.php" method="post">
8:          请输入一段包含回车的文字:<br>
9:          <textarea cols="30" rows="6" name="content"></textarea>
10:         <input type=submit value="提交看效果">
11:    </form>
12:    <?php
13:        $content=$_POST["content"];
14:        //如果用户输入内容不为空
```

```
15:        if($content!=""){
16:            echo "<hr>";
17:            echo "直接输出接收到的内容:<br>";
18:            echo $content;
19:            echo "<br>(内容长度:".strlen($content).")<br>";
20:            echo "<hr>";
21:            echo "用 nl2br()处理接收到的内容,然后输出:<br>";
22:                echo nl2br($content);
23:            echo "<br>(内容长度:".strlen(nl2br($content)).")<br>";
24:        }
25:    ?>
26:  </BODY>
27:</HTML>
```

本程序首先创建了一个 TextArea 多行文本输入框,并要求输入一段包含换行的文字。之所以要求包含换行,就是因为 nl2br()函数处理的对象就是换行,如果不包含换行就无法测试其效果。不妨输入"子丑寅卯↙辰巳午未↙申酉戌亥",其中"↙"表示按下键盘上的 Enter 键。这时点击"提交看效果"按钮,出现图 8-10 所示的运行结果。

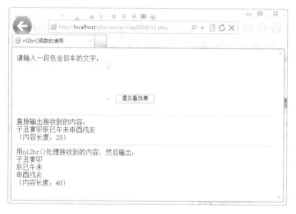

图 8-10　程序 8-11.php 的运行结果

通过图 8-10 可以清楚地看到 nl2br()函数的效果。在未使用 nl2br()函数对接收到的内容进行处理时,本来输入了 3 行内容,在网页中显示时全都连成了一行。这是因为 HTML 语言不识别换行符号,无论在 HTML 代码中连续输入多少个换行符,都不会在网页上看到效果,就是因为浏览器会忽略掉 HTML 代码中的换行符。用 nl2br()对内容进行处理后,每一行前面都自动添加了一个"
"标记。这个标记就是通常用的 HTML 中的换行标记"
",只是写法略有不同而已。原本输入的三行内容,便正常地显示出来。

此外,通过比较 nl2br()处理前和处理后的字符串长度,也可以看出此函数的工作原理。未处理之前提交的数据内容由 12 个汉字和两个换行符构成,长度为 12×2+2×2=28(每次按下键盘的 Enter 键都会产生一个换行和一个回车两个字节)。而用 nl2br()函数处理之后,数据内容长度变成 40,增加了 12 字节。而 12 字节恰好是 2 个"
"的长度(注意 br 和/之间的空格也占一个字节)。因此,足以证明 nl2br()函数的作用是在被处理的字符串中每一行之前插入一个"
"标记,而没有替换掉任何内容。

虽然 nl2br()函数的本质并没有进行替换,但在使用中,其效果等同于将换行符号替换为 HTML 换行标记。因此不太严格的说法,可以称为字符替换函数。

2．str_replace()函数

PHP 提供的 str_replace 函数将一个字符串中的任意子串全部替换为另外一个子串,其使用格式如下:

```
mixed str_replace( mixed search,mixed replace,mixed subject [,int &count] )
```

这个格式看起来有点复杂。简单地解释为：str_replace()函数将 subject 中的所有 search 替换成 replace，并把替换的次数存放在 count 中，其中 count 参数为可选。这里的 search、repalce、subject 及整个函数的返回值都是 mixed 类型，也就说提供的参数可以是多种类型，常用的有字符串和数组。

```
1:<!--文件 8-12.php:字符串替换函数综合范例-->
2:<HTML>
3:    <HEAD>
4:         <TITLE>字符串替换函数综合范例</TITLE>
5:    </HEAD>
6:    <BODY>
7:       <?php
8:            //单个字符替换
9:            $str = "当所有的人[逗]离开我的时候[逗]你劝我要耐心等候[句]";
10:           echo "原字符串:<b>".$str."</b><br>";
11:           $str = str_replace("[","(",$str);
12:           $str = str_replace("]",")",$str);
13:           echo "字符替换之后:<b>".$str."</b><br>";
14:           //字符串替换
15:           $str = str_replace("(逗)",",",$str);
16:           $str = str_replace("(句)","。",$str);
17:           echo "字符串替换之后:<b>".$str."</b><br>";
18:      ?>
19:   </BODY>
20:   </HTML>
```

程序 8-12.php 构造了一个字符串，其中逗号用"[逗]"表示，句号用"[句]"表示。第 10 行、第 11 行分别进行了两次替换，将字符"["、"]"分别替换成"("、")"。然后输出替换后的字符串。在第 14 行、第 15 行，又进行了两次替换，将"(逗)"替换成"，"，将"(句)"替换成"。"，然后将最终的字符串输出。本程序运行结果如图 8-11 所示。

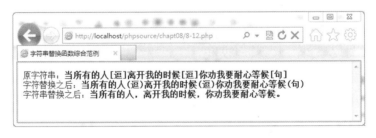

图 8-11　程序 8-12.php 的运行结果

程序 8-12.php 主要用到了 str_replace()函数的普通字符串替换功能。str_replace()函数还可以接收一个数组参数，来实现批量的替换。将 8-12.php 进行修改，得到程序 8-13.php。

```
1:<!--文件 8-13.php:字符串替换函数高级应用-->
2:<HTML>
3:    <HEAD>
4:         <TITLE>字符串替换函数高级应用</TITLE>
5:    </HEAD>
```

```
6:    <BODY>
7:      <?php
8:            //单个字符替换
9:          $str = "当所有的人[逗]离开我的时候[逗]你劝我要耐心等候[句]";
10:         echo "原字符串:<b>".$str."</b><br>";
11:         $arr1 =  array("[","]");
12:         $arr2 = array("(",")");
13:         $str = str_replace($arr1,$arr2,$str);
14:             echo "字符替换之后:<b>".$str."</b><br>";
15:         //字符串替换
16:         $arr3 = array("(逗)","(句)");
17:         $arr4 = array("，","。");
18:         $str = str_replace($arr3,$arr4,$str);
19:         echo "字符串替换之后:<b>".$str."</b><br>";
20:      ?>
21:   </BODY>
22:   </HTML>
```

读者可以发现，程序 8-13.php 在使用 str_replace()函数时传递了两个数组作为参数，第 1 个数组按顺序存放了要被替换的字符串，第 2 个数组按顺序存放了要替换成的字符串。这样，不论要替换多少个字符串，只要按照顺序分别存放在两个数组中，然后调用 str_repalce()函数即可完成，这样做有明显的优点，当要替换的项目很多时，可以在很大程度上简化程序。

本程序的运行结果与程序 8-12.php 完全相同，运行结果图如图 8-11 所示。

8.3.3.6 字符串截取函数

在编程中经常遇到要将一个字符串的一部分单独取出的情况，也就是字符串的截取。PHP 中常用的字符串截取函数有 substr()等。

substr()函数的使用格式如下：

```
string substr( string string,int start [,int length] )
```

本函数返回一个字符串中从指定位置开始指定长度的子串。参数 string 为原始字符串，start 为截取的起始位置（从 0 开始计），可选参数 length 为要截取的长度。值得一提的是，参数 start 和 length 均可以用负数，start 为负数时说明从倒数第 start 个字符开始取；length 为负数时表示从 start 位置开始取，向前取 length 个字符结束。

```
1:<!--文件 8-14.php:字符串的截取-->
2:<HTML>
3:    <HEAD>
4:        <TITLE>字符串的截取</TITLE>
5:    </HEAD>
6:    <BODY>
7:        <?php
8:              //构造字符串
9:             $str = "ABCDEFGHIJKLMNOPQRSTUVWXYZ";
10:         echo "原字符串:<b>".$str."</b><br>";
11:         //按各种方式进行截取
12:         $str1 = substr($str,5);
13:         echo "从第 5 个字符开始取至最后:".$str1."<br>";
14:         $str2 = substr($str,9,4);
```

```
15:            echo "从第 9 个字符开始取 4 个字符:".$str2."<br>";
16:            $str3 = substr($str,-5);
17:            echo "取倒数 5 个字符:".$str3."<br>";
18:            $str4 = substr($str,-8,4);
19:            echo "从倒数第 8 个字符开始向后取 4 个字符:".$str4."<br>";
20:            $str5 = substr($str,-8,-2);
21:          echo "从倒数第 8 个字符开始取到倒数第 2 个字符为止:".$str5."<br>";
22:        ?>
23:    </BODY>
24:</HTML>
```

本程序运行结果如图 8-12 所示。

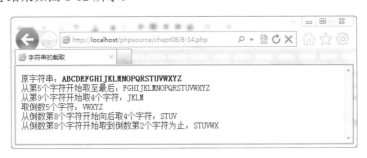

图 8-12　程序 8-14.php 的运行效果

读者可以对照图 8-12 分析一下整个程序的运行。通过这个例子读者应当对 substr()函数有一个深入的了解。尤其是 start 和 length 两个参数的含义和使用方法，更应该熟练掌握。有一点值得注意：start 参数为正数时，从 0 开始计数；start 参数为负数时，从 1 开始计数。也就是说没有"倒数第 0 个字符"。读者可以参考本例加深理解，也可以自己动手编制一个程序来验证。

8.3.3.7　字符串分割函数

在编程中有时候需要将一个字符串按某种规则分割成多个，PHP 提供了 explode()、str_split()等函数来完成分割操作，下面分别介绍这两个函数。

1. explode()函数

explode()函数的格式如下：

```
array explode(string separator,string string [,int limit])
```

explode()函数用来将一个字符串按照某个指定的字符分割成多段，并将每段按顺序存入一个数组中。该函数的返回值就是一个数组。separator 参数为分割符，可以是一个字符串，也可以是单个字符。string 为要处理的字符串。参数 limit 为可选，如果设置了 limit，则返回的数组包含最多 limit 个元素，最后一个元素将包含 string 的剩余部分。

```
1:<!--文件 8-15.php:字符串分割-->
2:<HTML>
3:    <HEAD>
4:        <TITLE>explode 字符串分割函数</TITLE>
5:    </HEAD>
6:    <BODY>
7:        <?php
```

```
8:          //构造字符串
9:          $str = "苹果,空心菜,香蕉,萝卜,大蒜,牛肉";
10:         echo "原字符串:<b>".$str."</b><br>";
11:         echo "1.以逗号为分割符分割字符串:<br>";
12:         $arr1 = explode(",",$str);
13:         echo "---\$arr1[0]的值:".$arr1[0]."<br>";
14:         echo "---\$arr1[4]的值:".$arr1[4]."<br>";
15:         echo "2.分割时指定limit参数:<br>";
16:         $arr2 = explode(",",$str,3);
17:         echo "---\$arr2[0]的值:".$arr2[0]."<br>";
18:         echo "---\$arr2[2]的值:".$arr2[2]."<br>";
19:         echo "---\$arr2[4]的值:".$arr2[4]."<br>";
20:      ?>
21:   </BODY>
22:</HTML>
```

程序 8-15.php 定义了一个普通字符串$str。字符串中出现了多个逗号,用 explode 函数来分隔这个字符串,把",",作为分割字符。在未提供 limit 参数的情况下,字符串被分成 6 小段,并存入数组$arr1 中。每一小段分别对应$arr[0], $arr[1]…$arr[5]。然后指定 limit 参数为 3,再次用 explode 函数分隔字符串$str,这时返回的数组$arr2 只包含 3 个元素,即$arr2[0],$arr2[1],$arr2[2]。这时$arr2[2]中存放的不是第 3 个逗号之前的内容,而是第 2 个逗号之后的所有内容。程序运行结果如图 8-13 所示。

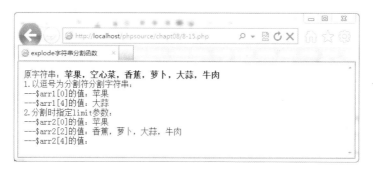

图 8-13　程序 8-15.php 的运行结果

2. str_split()函数

str_split()函数的格式为:

```
array str_split(string string [,int split_length])
```

str_split()函数将一个字符串以一定长度为单位分割成多段,并返回由每一段组成的数组。str_split()函数不是以某个字符串为分割依据,而是以一定长度为分割依据。参数 string 为要分割的字符串,可选参数 length 设置分割的单位长度。

```
<!--文件 8-16.php:用 str_split 函数分割字符串-->
1:<HTML>
2:   <HEAD>
3:      <TITLE>str_split 字符串分割函数</TITLE>
4:   </HEAD>
5:   <BODY>
```

```
6:   <?php
7:       //分割英文字符串
8:       $str = "Quietly I leave,just as quietly I came.";
9:       echo "原字符串:<b>".$str."</b><br>";
10:      echo "1.以默认长度分割字符串:<br>";
11:      $arr1 = str_split($str);
12:      echo "---\$arr1[0]的值:".$arr1[0]."<br>";
13:      echo "---\$arr1[1]的值:".$arr1[1]."<br>";
14:      echo "---\$arr1[10]的值:".$arr1[10]."<br>";
15:      echo "2.以指定长度 5 分割字符串:<br>";
16:      $arr2 = str_split($str,5);
17:      echo "---\$arr2[0]的值:".$arr2[0]."<br>";
18:      echo "---\$arr2[1]的值:".$arr2[1]."<br>";
19:      echo "---\$arr2[5]的值:".$arr2[5]."<br>";
20:      //测试分割中文
21:      $str2="轻轻地我走了,正如我轻轻地来。";
22:      echo "原字符串:<b>".$str2."</b><br>";
23:      echo "1.以指定长度 5 分割字符串:<br>";
24:      $arr3 = str_split($str2,5);
25:      echo "---\$arr3[0]的值:".$arr3[0]." <br>";
26:      echo "---\$arr3[1]的值:".$arr3[1]." <br>";
27:      echo "2.以指定长度 4 分割字符串:<br>";
28:      $arr4 = str_split($str2,4);
29:      echo "---\$arr4[0]的值:".$arr4[0]." <br>";
30:      echo "---\$arr4[1]的值:".$arr4[1]." <br>";
31:      echo "---\$arr4[4]的值:".$arr4[4]." <br>";
32:   ?>
33: </BODY>
34: </HTML>
```

本程序运行结果如图 8-14 所示。

图 8-14 程序 8-16.php 的运行结果

程序 8-16.php 首先构造了一个英文字符串，然后用 str_split 函数直接分割。分割之后字符串被一个字符一个字符的分割开来，并且将这些字符顺次存放到数组$arr1 中。通过图 8-15

的输出结果，能够印证这一点。接下来指定分割的单位为 5，这时候字符串按 5 个字符一段被分割成多段，并存储在数组$arr2 中。这时同样可以看到正确的输出结果。

前面已经提到多次，一个汉字字符占 2 个字节。很多字符串处理函数对中文支持的并不好。为了测试 str_split 函数分割中文的效果，又构造了一个字符串，这个字符串全部由汉字字符构成。首先用 5 作为分割单位来分割字符串，通过输出结果可以看出，str_split 函数无法区别中文，如第 1 段，取出的不是"轻轻地我走"5 个汉字字符，而是"轻轻?"。这里为什么会有一个"?"呢？这个问号不是字符串中的，而是在分割字符串时将第 3 个字"地"分割成了两段，因此无法正确显示这个字符，只能显示为"?"。

为了解决这个问题，又用一个偶数 4 作为分割长度，这时候汉字可以正确显示，整个字符串以 2 个汉字字符为单位被分割成多段。也就是说，在分割中文时，分割长度必须是 2 的倍数，否则将会导致汉字被分成两段而无法正确显示。

纵然如此，使用函数时的分割方案还有不完美之处，那就是当一个字符串是由中英文或者中文与阿拉伯数字混合而成，即使是用 2 的倍数作为分割长度，仍然无法避免汉字被分割的情况发生。如字符串"110 是一个重要的电话号码"，如果以 2 或 4 作为分割长度，都会导致"是"这个汉字被分割。因此在使用 str_split 函数时必须充分考虑汉字的影响，否则会产生不可预料的结果。

关于字符串处理函数就介绍到这里。字符串处理函数在编程中使用频繁，读者应当熟练掌握，多多积累。本节中介绍的都是字符串处理函数中最为常用的部分，另外还有大量的函数限于篇幅无法一一介绍，读者可以参考表 8-1 及 PHP 官方手册自行学习、掌握，为后面深入学习 PHP 编程打下基础。

虽然在讲解时每个函数都是独立地讲解，但读者应注意这些函数的结合使用。在一个程序中，可能会同时用到多个函数，通过多个函数的综合应用来实现一个操作，因此读者应在这方面多下工夫。

8.3.4　时间日期函数

8.3.4.1　时间日期函数概述

时间日期函数用来获取服务器的时间和日期，或对时间日期类型的数据进行各种处理，来满足程序需要。在编程中时常要用到时间日期，如信息发布时记录发布时间，用户注册时要记录注册时间，记录用户进行某些操作的时间等。PHP 5 提供的时间日期函数如表 8-3 所示：

表 8-3　　　　　　　　　　　　PHP 时间日期函数

函 数 名	功 能
checkdate	验证一个格里高里日期
date_default_timezone_get	取得一个脚本中所有日期时间函数所使用的默认时区
date_default_timezone_set	设定用于一个脚本中所有日期时间函数的默认时区
date_sunrise	返回给定的日期与地点的日出时间
date_sunset	返回给定的日期与地点的日落时间
date	格式化一个本地时间/日期

续表

函　数　名	功　　能
getdate	取得日期/时间信息
gettimeofday	取得当前时间
gmdate	格式化一个 GMT/UTC 日期/时间
gmmktime	取得 GMT 日期的 UNIX 时间戳
gmstrftime	根据区域设置格式化 GMT/UTC 时间/日期
idate	将本地时间日期格式化为整数
localtime	取得本地时间
microtime	返回当前 UNIX 时间戳和微秒数
mktime	取得一个日期的 UNIX 时间戳
strftime	根据区域设置格式化本地时间/日期
strptime	解析由 strftime()生成的日期/时间
strtotime	将任何英文文本的日期时间描述解析为 UNIX 时间戳
time	返回当前的 UNIX 时间戳

通过表 8-3 可以看到，PHP 提供了很多函数实现各种时间/日期操作。其中不乏很有趣的函数，如返回某给定日期与地点的日出/日落时间。但是其中部分函数实用价值较小，只需要熟练掌握其中几个函数的使用，即可实现绝大多数常见的应用。

8.3.4.2　获取当前时间的 UNIX 时间戳

很多读者可能不明白什么是 UNIX 时间戳。UNIX 时间戳是指从 UNIX 纪元（格林威治时间 1970 年 1 月 1 日 00 时 00 分 00 秒）开始到当前时间为止相隔的秒数。因此很显然 UNIX 时间戳应该代表一个很大的整数。UNIX 时间戳在很多时候非常有用，尤其在对时间进行加减时作用最为明显。如当前时间是 "2006 年 10 月 10 日 10 点 10 分 10 秒"，在这个时间基础上加上 25 天 8 小时 55 分 58 秒，会得到一个什么时间呢？可能推算起来比较复杂。因为除了时间进位以外，还涉及到不同月份天数可能不同（可能是 28 天、29 天、30 天、31 天）。所以用数学方法直接加减是不行的。如果使用 UNIX 时间戳，在第一个时间的基础上加上一定的秒数，得到的就是第二个时间的 UNIX 时间戳。然后用 PHP 的有关函数把这个时间戳转换成普通时间格式显示即可。

PHP 中提供了 time()函数来直接获取当前时间的 UNIX 时间戳。

```
1:<!--文件 8-17.php:获取 UNIX 时间戳-->
2:<HTML>
3:  <HEAD>
4:    <TITLE>获取 UNIX 时间戳</TITLE>
5:  </HEAD>
6:  <BODY>
7:    <?php
8:      $tm= time();
9:      echo "当前时间的 UNIX 时间戳为:".$tm;
10:   ?>
11: </BODY>
```

12:</HTML>

本程序运行结果如图 8-15 所示。

图 8-15　程序 8-17.php 的运行结果

图中的数字 1206419093 表示的是从 1970 年 1 月 1 日 0 点 0 分 0 秒到本程序执行时相隔的秒数。如果每隔一段时间刷新一下页面，会发现时间戳的值每次都会变化。因为每过一秒钟，这个数字就增加 1。每次刷新页面都会重新调用程序，都会获得一个不同的时间，因此 UNIX 时间戳在不断变化。具体地说，这个数字在不断增大。

8.3.4.3　获取指定时间的 UNIX 时间戳

能不能获得一个指定时间的 UNIX 时间戳呢？也就是说要获得的时间戳不是当前时间的，而是一个固定时间的。PHP 提供了 mktime()函数和 strtotime()函数来完成这个操作。

mktime()函数的格式如下：

```
int mktime([int hour [,int minute [,int second [,int month [,int day [,int year]]]]]])
```

本函数的作用是根据给出的参数返回 UNIX 时间戳。6 个参数全是整数，分别代表小时、分钟、秒、月、日、年。参数可以从右向左省略，任何省略的参数都会被设置成本地日期和时间的当前值。当全部参数都被省略时，获得的就是当前时间的 UNIX 时间戳。

另外 strtotime()函数允许使用一个时间字符串作为参数来获取 UNIX 时间戳。这个时间串的顺序与中文习惯较为吻合。如"2000-11-12 10:34:55"表示 2000 年 11 月 12 日 10 时 34 分 55 秒。该字符串指代了一个具体的时间，可以作为 strtotime()函数的参数，来获得这个时间的 UNIX 时间戳。

```
1:<!--文件 8-18.php:获取指定时间的 UNIX 时间戳-->
2:<HTML>
3:    <HEAD>
4:        <TITLE>获取指定时间的 UNIX 时间戳</TITLE>
5:    </HEAD>
6:    <BODY>
7:        <?php
8:            //用 mktime()返回时间戳
9:            $tm= mktime(23,56,59,12,20,1999);
10:            echo "1999 年 12 月 20 日 23 点 56 分 59 秒的 UNIX 时间戳为:".$tm;
11:            //用 strtotime()返回时间戳
12:            $tm2= strtotime("1999-12-20 23:56:59");
13:            echo "<br>用 strtotime 获得的同一时间的时间戳:".$tm2;
14:        ?>
15:    </BODY>
16:</HTML>
```

本程序运行结果如图 8-16 所示。

图 8-16　程序 8-18.php 的运行结果

程序 8-18.php 用 mktime 函数将一个指定时间格式化为 UNIX 时间戳。然后用 strtotime 函数同样格式化这个时间，不过用一个字符串而不是 6 个数字作为参数。运行结果显示两个函数的返回结果完全相同。刷新页面时，时间戳值都不会发生变化。因为这个时间戳是一个固定的时间，不会随当前时间变化而变化。

有的读者可能会问一个问题：如果我使用 mktime 函数时提供的参数不符合常规，会出现什么情况呢？比如每年最多有 12 个月，不可能有 14 月，如果给月份这个参数提供一个 14，会怎样呢？实际上，PHP 会把某年的 14 月作为下一年的 2 月。如 1999 年 14 月会被认为是 2000 年 2 月。同理如果时间设置为 23 分 70 秒，那 PHP 会作为 24 分 10 秒来处理。读者可以自行编制程序进行测试。

8.3.4.4　取得时间日期信息

前面学习了如何获得一个时间的 UNIX 时间戳。虽然用 UNIX 时间戳有利于在计算机中进行时间的计算，但是在显示时间时还是应该显示成通用的"年月日时分秒"以及星期几等格式，而不是直接输出一个 UNIX 时间戳。PHP 中提供了 date()和 getdate()等函数来实现从 UNIX 时间戳到通用时间日期的转换。

1. getdate()函数

getdate()函数用来将一个 UNIX 时间戳格式化成具体的时间日期信息，其使用格式如下：

```
array getdate([int timestamp])
```

其中参数 timestamp 就是一个 UNIX 时间戳。如果不指定参数，则默认使用当前时间。该函数返回一个数组，数组中存放了详细的时间信息。通过数组下标可以取得数组中的元素值。其下标与值的对应关系如表 8-4 所示。

表 8-4　　　　　　　　　　　getdate()函数返回数组的下标与值对应表

下　　标	说　　明	返回值例子
"seconds"	秒的数字表示	0～59
"minutes"	分钟的数字表示	0～59
"hours"	小时的数字表示	0～23
"mday"	月份中第几天的数字表示	1～31
"wday"	星期中第几天的数字表示	0（表示星期天）到 6（表示星期六）
"mon"	月份的数字表示	1～12
"year"	4 位数字表示的完整年份	如：1999 或 2003
"yday"	一年中第几天的数字表示	0～366

续表

下　标	说　明	返回值例子
"weekday"	星期几的完整文本表示	Sunday 到 Saturday
"month"	月份的完整文本表示	January 到 December
0	该时间的 UNIX 时间戳	整数

下面我们看一个例子，来全面展示该函数的强大功能。

```
1:<!--文件 8-19.php:getdate()函数获取详细的时间信息-->
2:<HTML>
3:    <HEAD>
4:        <TITLE>getdate()函数获取详细的时间信息</TITLE>
5:    </HEAD>
6:    <BODY>
7:        <?php
8:        //首先假设一个时间
9:        $dt= "2007-07-01 08:30:00";
10:        echo "时间:".$dt."<br>";
11:        //将此时间格式化为 UNIX 时间戳
12:        $tm= strtotime($dt);
13:        echo "此时间的 UNIX 时间戳:".$tm."<br>";
14:        //获取该时间的详细信息
15:        $arr = getdate($tm);
16:        //输出详细信息
17:        echo "秒:".$arr["seconds"]."<br>";
18:        echo "分:".$arr["minutes"]."<br>";
19:        echo "时:".$arr["hours"]."<br>";
20:        echo "日:".$arr["mday"]."<br>";
21:        echo "月:".$arr["mon"]."/".$arr["month"]."<br>";
22:            echo "年:".$arr["year"]."<br>";
23:            echo "星期:".$arr["wday"]."/".$arr["weekday"]."<br>";
24:            echo "该日期是该年中的第".$arr["yday"]."天<br>";
25:        ?>
26:    </BODY>
27:</HTML>
```

本程序中，第 9 行设置了一个时间，第 12 行将此时间格式化成 UNIX 时间戳。第 15 行将此时间戳用 getdate()函数获取详细时间信息。然后在第 17～24 行分别输出了全部的时间信息。程序的输出结果如图 8-17 所示。

本程序中假定日期为"2007-07-01 08:30:00"，实际上可以直接用语句"$arr =getdate();"来获得当前时间的详细信息。

图 8-17　程序 8-19.php 的运行结果

这时输出的时间信息就是当前程序执行时的时间信息。感兴趣的读者可以自行测试。

2. date()函数

date()函数用来将一个 UNIX 时间戳格式化成指定的时间/日期格式。getdate()函数可以获取详细的时间信息，但是很多时候并不是要取得如此具体的时间信息，而是将一个 UNIX 时间戳所代表的时间按照某种容易识读的格式输出。这就需要用到 date()函数，该函数的使用格式是：

```
string date(string format [,int timestamp])
```

该函数直接返回一个字符串，这个字符串就是一个指定格式的日期时间。参数 format 是一个字符串，用来指定输出时间的格式。可选参数 timestamp 是要处理的时间的 UNIX 时间戳。如果参数为空，那么默认值为当前时间的 UNIX 时间戳。

本函数的重点是学习如何使用 format 参数。format 参数必须由指定的字符构成，不同的字符代表不同的特殊含义，如表 8-5 所示。

表 8-5　　　　　　　　　　format 参 数 一 览 表

format 参数	说　　明	返回值例子
d	月份中的第几天，有前导零的 2 位数字	01 到 31
D	星期中的第几天，文本表示，3 个字母	Mon 到 Sun
j	月份中的第几天，没有前导零	1 到 31
1（小写"L"）	星期几，完整的文本格式	Sunday 到 Saturday
N	ISO-8601 格式数字表示的星期中的第几天（PHP 5.1.0 中的新参数）	1（表示星期一）到 7（表示星期天）
w	星期中的第几天，数字表示	0（表示星期天）到 6（表示星期六）
z	年份中的第几天	0 到 366
W	ISO-8601 格式年份中的第几周，每周从星期一开始（PHP 4.1.0 新加的）	如 42（当年的第 42 周）
F	月份，完整的文本格式	January 到 December
m	数字表示的月份，有前导零	01 到 12
M	3 个字母缩写表示的月份	Jan 到 Dec
n	数字表示的月份，没有前导零	1 到 12
t	给定月份所应有的天数	28 到 31
L	是否为闰年	如果是闰年为 1，否则为 0
Y	4 位数字完整表示的年份	如 1999 或 2003
y	2 位数字表示的年份	如 99 或 03
a	小写的上午和下午值	am 或 pm
A	大写的上午和下午值	AM 或 PM
B	Swatch Internet 标准时	000 到 999
g	小时，12 小时格式，没有前导零	1 到 12
G	小时，24 小时格式，没有前导零	0 到 23
h	小时，12 小时格式，有前导零	01 到 12

续表

format 参数	说　　　明	返回值例子
H	小时, 24 小时格式, 有前导零	00～23
i	有前导零的分钟数	00～59
s	秒数, 有前导零	00～59
e	时区标识（PHP 5.1.0 中的新参数）	如 UTC、GMT、Atlantic/Azores
I	是否为夏令时	如果是夏令时为 1, 否则为 0
O	与格林尼治时间相差的小时数	如+0200
T	本机所在的时区	如 EST, MDT 等

表 8-5 中列出了绝大部分 format 参数字符, 个别极为不常用的没有列出。通过表 8-5 已经看出 format 字符数量众多, 涉及方方面面。date()函数可以完成的功能极为丰富。

下面我们通过一个例子来看这些 format 字符如何使用。

```
1:<!--文件 8-20.php:用格式化字符串输出时间信息-->
2:<HTML>
3:    <HEAD>
4:        <TITLE>用格式化字符串输出时间信息</TITLE>
5:    </HEAD>
6:    <BODY>
7:        <?php
8:        //设置一个时间(如采用当前时间可用 time())
9:        $tm = strtotime("2008-09-09 10:30:40");
10:       echo "初始化设置的时间为:2008-09-09 10:30:40<br>";
11:       //使用不同的格式化字符串测试输出效果
12:       echo date("Y-M-D H:I:S A",$tm)."<br>";
13:       echo date("y-m-d h:i:s a",$tm)."<br>";
14:       echo date("Y 年 m 月 d 日[l] H 点 i 分 s 秒",$tm)."<br>";
15:       echo date("F,d,Y l",$tm)."<br>";
16:       echo date("Y-M-D H:I:S",$tm)."<br>";
17:       echo date("Y-M-D H:I:S",$tm)."<br>";
18:       echo date("所在时区:T,与格林尼治时间相差:O 小时",$tm)."<br>";
19:       //输出详细信息
20:       ?>
21:    </BODY>
22: </HTML>
```

本程序的运行结果如图 8-18 所示。

通过程序 8-20.php 可以看出, 格式化字符串的使用非常灵活。只要在字符串中包含相关字符, date 函数就能把这些字符替换成指定的时间日期信息。可以利用这个函数随意输出需要的时间日期格式。

图 8-18　程序 8-20.php 的运行结果

程序的最后一条用的是格式字符 "T" 和 "O" 来输出运行本程序的服务器所处的时区及本时区和格林尼治标准时间相差的小时数。程序输出时区为 UTC, 相差时间为 0 小时。这虽然与世界标准时区和时间相符，但是并不是本地的时间。如北京时间要比格林尼治时间晚 8 个小时，因此在取得的本地时间基础上再增加 8 个小时才是北京时间。增加 8 个小时的方法很简单，在已经取得的当前时间的 UNIX 时间戳上加 8*60*60 即是 8 小时之后的时间戳。如果读者在编写程序时发现程序获得的时间与北京时间不符，应该考虑是否是时区问题，对取得的时间进行相应处理即可。

PHP 的时间日期函数很常用，但并不复杂。读者一般只需要掌握 UNIX 时间戳的获得、操作方法和格式化字符的使用方法，即可轻松掌握 PHP 时间日期的处理。

8.3.5　数学函数

编程中少不了要进行数据计算操作。除了基本的加、减、乘、除等运算以外，还有求正弦值、余弦值、绝对值、对数值、取整、取余、进制转换及生成随机数等一系列操作。这些操作都可以通过简单的函数调用来实现。表 8-6 列出了常用的数学函数及其功能。

表 8-6　　　　　　　　　　　　　　常 用 数 学 函 数

函　数　名	功　　能	函　数　名	功　　能
abs	绝对值	is_finite	判断是否为有限值
acos	反余弦	is_infinite	判断是否为无限值
acosh	反双曲余弦	is_nan	判断是否为合法数值
asin	反正弦	lcg_value	组合线性同余发生器
asinh	反双曲正弦	log10	以 10 为底的对数
atan2	两个参数的反正切	log	自然对数
atan	反正切	max	找出最大值
atanh	反双曲正切	min	找出最小值
base_convert	在任意进制之间转换数字	mt_getrandmax	显示随机数的最大可能值
bindec	二进制转换为十进制	mt_rand	生成更好的随机数
ceil	进一法取整	mt_srand	播下一个更好的随机数发生器种子
cos	余弦	octdec	八进制转换为十进制
cosh	双曲余弦	pi	得到圆周率值
decbin	十进制转换为二进制	pow	指数表达式
dechex	十进制转换为十六进制	rad2deg	将弧度数转换为相应的角度数
decoct	十进制转换为八进制	rand	产生一个随机整数
deg2rad	将角度转换为弧度	round	对浮点数进行四舍五入
exp	计算 e（自然对数的底）的指数	sin	正弦
floor	舍去法取整	sinh	双曲正弦
fmod	返回除法的浮点数余数	sqrt	平方根
getrandmax	显示随机数最大的可能值	srand	播下随机数发生器种子
tanh	双曲正切	hexdec	十六进制转换为十进制
hypot	计算直角三角形的斜边长度		

本类函数虽然数目众多，但是使用方法较为简单，函数功能对照表 8-6 可一目了然。下面用一个例子来说明几个常用数学函数的使用方法。

首先产生一个大于等于 100 小于等于 200 的随机数，把这个数字作为一个圆的面积，然后根据这个面积算出圆的半径，并将得到的半径用不同的方法取整。

```
<!--文件 8-21.php:数学函数使用举例-->
1:<HTML>
2:  <HEAD>
3:   <TITLE>数学函数使用举例</TITLE>
4:  </HEAD>
5:  <BODY>
6:   <?php
7:    $s = rand(100,200);
8:    $pi=pi();
9:    $r=sqrt($s/$pi);
10:   $qz1=round($r);              //四舍五入取整
11:   $qz2=ceil($r);               //进一法取整
12:   $qz3=floor($r);              //舍去法取整
13:
14:   echo "随机产生的圆的面积为:".$s."<br>";
15:   echo "通过除法和开方计算出的圆的半径为:".$r."<br>";
16:   echo "四舍五入取整后:".$qz1."<br>";
17:   echo "进一法取整后:".$qz2."<br>";
18:   echo "舍去法取整后:".$qz3."<br>";
19:  ?>
20:  </BODY>
21:  </HTML>
```

程序用到了 6 个数学函数，分别用来产生一定范围内的随机数、返回圆周率（精确到小数点后 14 位）、开方及取整等。程序本身比较简单，不再详细讲解，程序运行结果如图 8-19 所示。

图 8-19 程序 8-21.php 的运行结果

由于圆的面积是随机产生的，所以每次刷新这个页面，都会重新产生一组数据。读者可以自行试验，通过不同的数据来分析程序中函数的作用。

数学函数虽然数目众多，但是使用都较为简单，本书限于篇幅，不再一一介绍。请读者参考 PHP 手册，测试其他函数的使用方法。

8.3.6　图像处理函数

8.3.6.1　图像处理函数概述

PHP 提供了一系列函数来实现在网站编程中对图像进行编辑。虽然使用这些函数能够实现的功能十分有限，无法和功能强大的专业图形图像软件相比，但是在很多需要动态生成图像、自动批量处理图像等方面，能给 PHP 网站开发者带来巨大帮助。其中最为典型的应用有随机图形验证码、图片水印、数据统计中饼状图、柱状图的生成等。表 8-7 中列出了 PHP 常用的图像处理函数。

表 8-7　　　　　　　　　　　　　PHP 常用图像处理函数

函　数　名	功　　　能
gd_info	取得当前安装的 GD 库的信息
getimagesize	取得图像大小
image_type_to_extension	取得图像类型的文件后缀
imagearc	画椭圆弧
imagechar	水平地画一个字符
imagecharup	垂直地画一个字符
imagecopy	复制图像的一部分
imagecopymerge	复制并合并图像的一部分
imagecopyresized	复制部分图像并调整大小
imagecreatefromgd2	从 GD2 文件或 URL 新建一图像
imagecreatefromgd	从 GD 文件或 URL 新建一图像
imagecreatefromgif	从 GIF 文件或 URL 新建一图像
imagecreatefromjpeg	从 JPEG 文件或 URL 新建一图像
imagecreatefrompng	从 PNG 文件或 URL 新建一图像
imagecreatefromstring	从字符串中的图像流新建一图像
imagecreatetruecolor	新建一个真彩色图像
imagedashedline	画一虚线
imagedestroy	销毁一图像
imageellipse	画一个椭圆
imagefill	区域填充
imagefilledarc	画一椭圆弧且填充
imagefilledellipse	画一椭圆并填充
imagefilledpolygon	画一多边形并填充
imagefilledrectangle	画一矩形并填充
imagegd2	将 GD2 图像输出到浏览器或文件
imagegd	将 GD 图像输出到浏览器或文件
imagegif	以 GIF 格式将图像输出到浏览器或文件

函　数　名	功　　能
imageistruecolor	检查图像是否为真彩色图像
imagejpeg	以 JPEG 格式将图像输出到浏览器或文件
imageline	画一条线段
imageloadfont	载入一新字体
imagepalettecopy	将调色板从一幅图像复制到另一幅
imagepng	以 PNG 格式将图像输出到浏览器或文件
imagepolygon	画一个多边形
imagepstext	用 PostScript Type1 字体把字符串画在图像上
imagerectangle	画一个矩形
imagerotate	用给定角度旋转图像
imagesetbrush	设定画线用的画笔图像
imagesetpixel	画一个单一像素
imagesetstyle	设定画线的风格
imagesetthickness	设定画线的宽度
imagesettile	设定用于填充的贴图
imagestring	水平地画一行字符串
imagestringup	垂直地画一行字符串
imagesx	取得图像宽度
imagesy	取得图像高度

　　PHP 5 提供的图像处理函数总数超过了 100 个，表 8-7 中仅列出了部分常用函数。

　　PHP 的图像处理函数都封装在一个函数库中，这就是 GD 库。要使用 GD 库中的函数来进行图像处理，必须保证安装了 GD 库。在 PHP 官方的标准发行版本中，都包含了这个库。如本书介绍的 PHP 5 版本，这个 GD 库存放在 PHP 安装目录下的 ext 子目录下，名为 php_gd2.dll。读者如果担心自己的 PHP 版本是否包含这个函数库，可以打开 PHP 安装目录查找一下。

　　并不是 php_gd2.dll 库文件存在，就可以使用这些函数了。在默认的 php.ini 设置中，这个库并不自动载入。所以，需要首先打开这个库的自动载入功能，这样这个库中的函数就像 PHP 标准函数一样可以直接在程序中使用了。打开的方法很简单，用记事本打开 php.ini 配置文件，利用查找功能找到 ";extension=php_gd2.dll" 这一行，将最前面的分号去掉，然后保存，重新启动 IIS（Apache），这时候 GD 库已经被自动加载了，如图 8-20 所示。

　　若要确定此函数库是否已经被成功加载，可以打开第 2 章中讲过的 PHP 环境信息显示程序，也就是 phpinfo() 程序，查看列出的信息中是否有 GD 一项。该项目中详细列出了当前 PHP 的 GD 库信息，如图 8-21 所示。

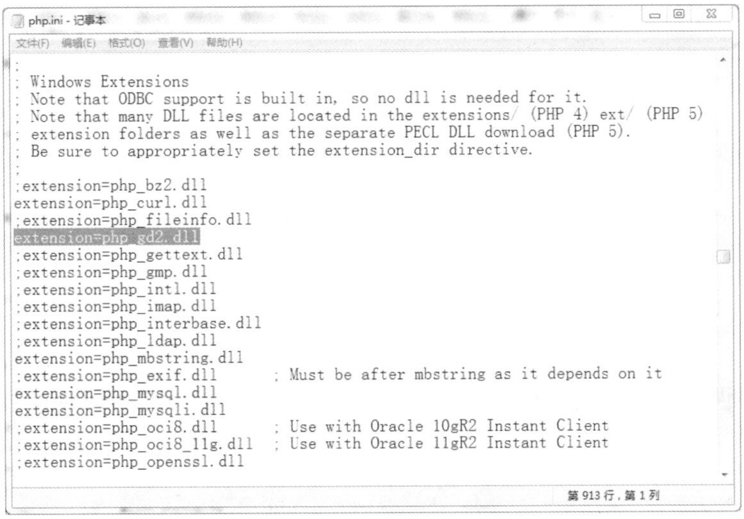

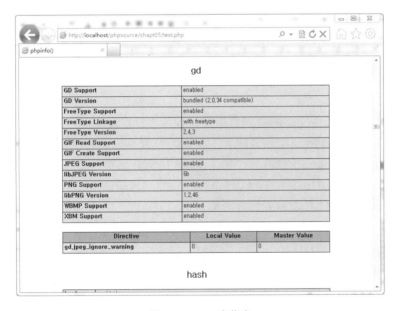

图 8-20　开启 GD 图像函数库

图 8-21　GD 库信息

　　由于本部分函数数量较多，而且具体使用方法较为复杂，要在很有限的篇幅内进行一个较全面的介绍是十分困难的，这里仅给出两个例子，让读者先体会一下 PHP 图像处理函数的简单使用。对表中列出的其他函数及未在表中列出的函数，感兴趣的读者可以参考 PHP 手册进行深入学习。

8.3.6.2　PHP 基本绘图

通过下面的例子来学习有关用 PHP 进行基本绘图的方法。

```
1:<?php
2:   //程序 8-22.php:图像处理函数使用举例
3:   header("Content-type:image/png");
4:   $im = @imagecreate(200,100)or die("无法创建图像流");
```

165

```
5:    @imagecolorallocate($im,240,150,255);
6:    $t_color1 = imagecolorallocate($im,0,0,0);
7:    $t_color2 = imagecolorallocate($im,100,100,100);
8:    imagestring($im,5,8,10,"I like PHP5!",$t_color1);
9:    imagestringup($im,5,8,90,"Hello!",$t_color2);
10:   imageellipse($im,65,65,55,55,$t_color1);
11:   imageellipse($im,65,65,55,55,$t_color1);
12:   imagefilledrectangle($im,110,95,160,30,$t_color2);
13:   imagepng($im);
14:   imagedestroy($im);
15:?>
```

程序 8-22.php 创建了一幅 PNG 图像，并且在图像上面进行绘图操作，程序运行结果如图 8-22 所示。

图 8-22 程序 8-22.php 的运行结果

程序 8-22.php 第 3 行指定了图像的类型，即 png 图像，这样 8-22.php 虽然是一个 PHP 程序，但是其作用是动态生成一张图像。在本程序中普通的输出语句如 echo 等都是无效的，这一点读者应当注意。

第 4 行用 imagecreate()函数创建一幅新图像，两个参数为图像的宽度和高度，单位是像素。此函数返回此图像的数据流，存放于$im 变量中。

第 5 行用 imagecolorallocate()函数设置了图像的背景颜色。4 个参数分别为图像流、R 色值、G 色值、B 色值。3 个色值合并即产生了 RGB 色值。这里的 240，150，255 运行之后显示淡紫色。另外（0，0，0）为黑色，（255，255，255）为白色，（255，0，0）为红色等。关于 RGB 颜色的有关详细信息请读者自行查阅有关资料。

第 6 行、第 7 行分别生成了两种颜色，存在不同的变量中以备后面使用。第一种为黑色，第二种为浅灰色。

第 8 行用 imagestring()函数在图像上"写入"了一个字符串。6 个参数分别表示图像流、所用字体、写入点的 x 坐标、写入点的 y 坐标、要写入的字符串、字符串颜色。这里面有两点值得注意：第一点是函数的第二个参数取值范围为 1～5，分别代表了不同大小和是否加粗的 5 种字体，读者可以试着修改此参数来观察程序运行效果。第二点是这里的 x，y 坐标都是相对于图像的左上角，最左上角坐标为（0，0），向右为 x 轴，向下为 y 轴。单位都是像素。

第 9 行用 imagestringup()函数向图像中竖向写入一个字符串，函数的参数含义与 imagestring()函数相同。

第 10 行用 imageellipse()函数在图像中绘制了一个圆。函数第一个参数为图像流，最后一个为绘图所用颜色，第 2、3、4、5 个参数分表表示圆心的 x 坐标、圆心的 y 坐标、圆的 x 方向半径长度、圆的 y 方向半径长度。本例绘制了一个圆心在（65，65）点，半径为 55 的正圆。如果要绘制一个椭圆，只需要确定圆心位置，然后分别设置 x 方向半径和 y 轴方向半径即可。当这两个半径相等时是一个圆，不相等时是一个椭圆。

第 11 行用 imagefilledrectangle()函数绘制了一个矩形，并对矩形进行了颜色填充。第一个参数为图像流，最后一个参数为填充颜色。第 2、3、4、5 个参数的含义分别为矩形左上角 x 坐标、矩形左上角 y 坐标、矩形右下角 x 坐标、矩形右下角 y 坐标。也就是说只要提供矩形的左上角和右下角坐标，即可绘制此矩形。

第 12 行用 imagepng()函数将此图像流输出为一张 png 格式的图片，即在浏览器中看到的图片。

第 13 行销毁了这个图像流。

在本例中除了 png 格式，还可以把图像输出为 jpg、gif 等常用的格式，只需要更改一下程序中第 3 行所指定的图像类型即可。

8.3.6.3　网站图形验证码制作

图像验证码程序是当前 Web 开发中常用的程序。本章学习了 PHP 的图像处理函数，结合前面章节学习的 Session 函数及表单数据提交技术，可以写出一个完整的图像验证码程序。

验证码在网站中的作用一般是防止恶意“灌水”，也就是恶意发布垃圾信息。如果没有验证码，攻击者可以利用辅助软件实现自动提交、自动注册等。由于软件执行的效率高、速度快且可以连续工作，因此常用来攻击某个网站，制造大量垃圾数据，严重影响网站正常运行。

采用了验证码的方式，由于验证码每次都不一样，只有验证码输入正确才能提交信息，这样辅助软件就无法随意向服务器提交信息了。因此，验证码的设计也有一些原则，如验证码的生成是随机的，无规律可循。另外，有的辅助软件有文字识别功能，能够从图片中辨析出文字，因此验证码中的数字可以采用随机的颜色，而且七扭八歪不易辨认。总之，最理想的验证码应该是人的肉眼可以很容易地辨认出来，但是用软件识别就极为困难。

鉴于此，在设计验证码程序时，就不是简单的创建一幅图片，然后随机生成几个数字写上去，而是要再加入一些干扰。用 PHP 提供的图像处理函数，可以在图像上加入一些密密麻麻的像素点，然后随机绘制两条虚线，再将几个数字的位置打乱。这样，机器识别就变得十分困难了。

本实例用到了以下 3 个文件。

8-23-showimg.php：生成验证码，将验证码写入图片，并输出图片。

8-23-login.html：调用 showimg.php，将用户输入的验证码提交到 check.php 进行验证。

8-23-check.php：用来验证用户输入的验证码是否正确。

下面就来看一下具体的代码。

```
1:<?php
2:    //文件 8-23-shoimg.php:生成验证码图片,并输出
3:    //随机生成一个 4 位数的数字验证码
4:    $num="";
5:    for($i=0;$i<4;$i++){
6:        $num .= rand(0,9);
7:    }
8:    //4 位验证码也可以用 rand(1000,9999)直接生成
9:    //将生成的验证码写入 Session,备验证页面使用
10:    session_start();
11:    $_SESSION["Checknum"] = $num;
12:    //创建图片,定义颜色值
13:    header("Content-type:image/PNG");
14:    srand((double)microtime()*1000000);
```

```
15:    $im = imagecreate(60,20);
16:    $black = ImageColorAllocate($im,0,0,0);
17:    $gray = ImageColorAllocate($im,200,200,200);
18:    imagefill($im,0,0,$gray);
19:    //随机绘制两条虚线,起干扰作用
20:    $style = array($black,$black,$black,$black,$black,$gray,$gray,
       $gray,$gray,$gra y);
21:    imagesetstyle($im,$style);
22:    $y1=rand(0,20);
23:    $y2=rand(0,20);
24:    $y3=rand(0,20);
25:    $y4=rand(0,20);
26:    imageline($im,0,$y1,60,$y3,IMG_COLOR_STYLED);
27:    imageline($im,0,$y2,60,$y4,IMG_COLOR_STYLED);
28:    //在画布上随机生成大量黑点,起干扰作用;
29:    for($i=0;$i<80;$i++){
30:        imagesetpixel($im,rand(0,60),rand(0,20),$black);
31:    }
32:    //将四个数字随机显示在画布上,字符的水平间距和位置都按一定波动范围随机生成
33:    $strx=rand(3,8);
34:        for($i=0;$i<4;$i++){
35:            $strpos=rand(1,6);
36:            imagestring($im,5,$strx,$strpos,substr($num,$i,1),$black);
37:            $strx+=rand(8,12);
38:    }
39:    ImagePNG($im);
40:    ImageDestroy($im);
41:?>
```

程序中的重要位置都已经做了注释，在此不再详细讲解。本程序运行后可以在浏览器中生成一张带有验证码的图片。每次刷新程序都会生成一个新验证码。

```
1:<!--文件8-23-login.html:图形验证码程序-->
2:<HTML>
3:    <HEAD>
4:        <TITLE>图形验证码程序</TITLE>
5:    </HEAD>
6:        <BODY>
7:        <form action="8-23-check.php" method="post">
8:            <img src="8-23-showimg.php"><br>
9:            请输入验证码:<input type="text" name="passcode">
10:           <input type=submit value="确定">
11:        </form>
12:    </BODY>
13:    </HTML>
```

本程序是一段纯 HTML 代码，无需多做解释。唯一值得注意的是，在调用这个图片时，采用"<img src="8-23-showimg.php">"的方式。因为验证码图片本身是一张图片，所以使用<img>标签来引用。而这张图片又是用 PHP 程序生成的，因此直接用"src=8-23-showimg.php"来调用。运行结果如图 8-23 所示。

图 8-23　程序 8-23-login.html 的运行结果

```
1:<?php
2:   //验证用户输入的验证码是否正确
3:    session_start();
4:    $passcode=$_SESSION["Checknum"];
5:    $usercode=$_POST["passcode"];
6:     if($passcode == $usercode){
7:      echo "验证码正确!验证通过!";
8:    }else{
9:      echo "验证码输入错误!验证失败!";
10:   }
11:?>
```

程序第 3 行是将 session 中存储的正确的验证码读取出来。第 4 行将用户输入的验证码接收过来。然后进行比较,如果相等,则说明用户输入的验证码正确,否则不正确。

8.3.6.4　图片水印制作

不仅可以直接创建一个图像流来绘制图形,而且还可以将一张已有的图片作为图像流读入,然后在此基础上对图像进行处理。这一功能常用来制作图像水印。所谓图像水印,就是在图像上标上一些特殊的图形或符号,用来作为图像所有者的标志或者防止图片被盗用。下面我们就看一个这样的例子。

本例使用了一张原始图片 pic.jpg,现在用 PHP 将此图片进行处理,在图片表面按一定规律加上文字标签,产生水印效果,使之不能被直接盗用。

```
1:<?php
2:   //文件 8-24.php:为图片加水印
3:    header("Content-type:image/jpeg");
4:    $im = imagecreatefromjpeg("pic.jpg");
5:    $white = imagecolorallocate($im,255,255,255);
6:    $width=imagesx($im);
7:  $height=imagesy($im);
8:  $x=0;
9:  $y=0;
10: while($x<$width && $y<$height){
11:       imagestring($im,2,$x,$y,"http://www.xxx.com",$white);
12:     $x+=20;
13:       $y+=20;
14:   }
15:  imagejpeg($im);
16:  imagedestroy($im);
17:  ?>
```

本程序第 3 行设定本页面输出类型为 jpeg 图像。

第 4 行用 imagecreateformjpeg()函数打开了一张图片 pic.jpg，并返回此图片的数据流。

第 5 行定义了一个颜色（白色）。

第 6 行、第 7 行用 imagesx()和 imagesy()函数取得图片 pic.jpg 的原始尺寸。

第 8 行、第 9 行定义了用于控制文字添加位置的两个变量。

第 10～14 行用循环向图片中添加多行文字，用$x 和$y 两个变量控制位置和循环次数。

第 15 行输出此图片，第 16 行销毁数据流。

程序运行前和运行后的图像分别如图 8-24 和图 8-25 所示。

图 8-24　原始图片　　　　　　　　图 8-25　程序 8-24.php 的运行结果

可以看到，处理的后的图片上加入了文字标记，这就基本达到了处理意图。但是同时也可以看出，处理后的图片由于文字的加入影响了图像的观赏性。因此水印如何加，加在什么位置，既能起到水印的作用，又不严重影响美观，才是在处理中最应考虑的。

PHP 的图像处理函数就介绍这些，希望读者对此有一个基本的了解，为以后深入学习打下基础。

8.3.7　文件系统函数

8.3.7.1　文件系统函数概述

在网络编程中要用到的文件操作大致可以分为两大类，一种是普通文件的操作，另一种是数据库文件的操作。在普通文件的操作中对记事本文件的操作最为简单，下面就来探讨一下 PHP 对文件（以记事本为例）的操作。PHP 提供了一些文件操作的函数，常用函数如表 8-8 所示。

表 8-8　　　　　　　　　　　　　文 件 操 作 函 数

函　数　名	功　　能	函　数　名	功　　能
basename	返回路径中的文件名部分	feof	测试文件指针是否到了文件结束的位置
chmod	改变文件模式	fgetc	从文件指针中读取字符
clearstatcache	清除文件状态缓存	fgets	从文件指针中读取一行
delete	参见 unlink()或 unset()	file_exists	检查文件或目录是否存在
disk_free_space	返回目录中的可用空间	file_put_contents	将一个字符串写入文件

函 数 名	功　能	函 数 名	功　能
diskfreespace	disk_free_space()的别名	fileatime	取得文件的上次访问时间
filegroup	取得文件的组	flock	轻便的咨询文件锁定
filemtime	取得文件修改时间	fopen	打开文件或者 URL
fileperms	取得文件的权限	fputcsv	将行格式化为 CSV 并写入文件指针
filetype	取得文件类型	fread	读取文件（可安全用于二进制文件）
fnmatch	用模式匹配文件名	fseek	在文件指针中定位
fpassthru	输出文件指针处的所有剩余数据	ftell	返回文件指针读/写的位置
fputs	fwrite()的别名	fwrite	写入文件（可安全用于二进制文件）
fscanf	从文件中格式化输入	is_dir	判断给定文件名是否是一个目录
fstat	通过已打开的文件指针取得文件信息	is_file	判断给定文件名是否为一个正常的文件
ftruncate	将文件截断到给定的长度	is_readable	判断给定文件名是否可读
glob	寻找与模式匹配的文件路径	is_uploaded_file	判断文件是否是通过 HTTP POST 上传的
is_executable	判断给定文件名是否可执行	is_writeable	is_writable()的别名
is_link	判断给定文件名是否为一个符号连接	linkinfo	获取一个连接的信息
chgrp	改变文件所属的组	mkdir	新建目录
chown	改变文件的所有者	parse_ini_file	解析一个配置文件
copy	复制文件	pclose	关闭进程文件指针
dirname	返回路径中的目录部分	readfile	输出一个文件
disk_total_space	返回一个目录的磁盘总大小	realpath	返回规范化的绝对路径名
fclose	关闭一个已打开的文件指针	rewind	倒回文件指针的位置
fflush	将缓冲内容输出到文件	set_file_buffer	stream_set_write_buffer()的别名
fgetcsv	从文件指针中读入一行并解析 CSV 字段	symlink	建立符号连接
fgetss	从文件指针中读取一行并过滤掉 HTML 标记	tmpfile	建立一个临时文件
file_get_contents	将整个文件读入一个字符串	umask	改变当前的 umask
file	把整个文件读入一个数组中	is_writable	判断给定的文件是否可写
filectime	取得文件的 inode 修改时间	link	建立一个硬连接
fileinode	取得文件的 inode	lstat	给出一个文件或符号连接的信息
fileowner	取得文件的所有者	move_uploaded_file	将上传的文件移动到新位置
filesize	取得文件大小	pathinfo	返回文件路径的信息
popen	打开进程文件指针	stat	给出文件的信息
readlink	返回符号连接指向的目标	tempnam	建立一个具有唯一文件名的文件
rename	重命名一个文件或目录	touch	设定文件的访问和修改时间
rmdir	删除目录	unlink	删除文件

有关详细功能和使用方法请参见 PHP 5 的帮助文档。

8.3.7.2　文件的打开与读写

要想利用 PHP 对文件进行操作，就要先了解有关 PHP 中打开和读写文件的相关函数。

1．fopen()函数

fopen()函数格式如下：

```
resource fopen(string filename,string mode [,bool use_include_path ])
```

fopen()函数的作用是打开文件或者 URL。其中 filename 是要打开的文件名，必须为字符串形式。如果 filename 是"scheme：//..."（如 http：//...）的格式，则被当成一个 URL，PHP 将搜索协议处理器（也被称为封装协议）来处理此模式。如果 PHP 认为 filename 指定的是一个本地文件（如"num.txt"），将尝试在该文件上打开一个流。该文件必须是 PHP 可以访问的，因此需要确认文件访问权限允许该访问。mode 是打开文件的方式，必须为字符形式，可以取以下几个值。

'r'：只读形式，文件指针指向文件的开头。

'r+'：可读可写，文件指针指向文件的开头。

'w'：只写形式，文件指针指向文件的开头，打开同时清除所有内容，如果文件不存在，将尝试建立文件。

'w+'：可读可写，文件指针指向文件的开头，打开同时清除所有内容，如果文件不存在，将尝试建立文件。

'a'：追加形式（只可写入），文件指针指向文件的最后，如果文件不存在，将尝试建立文件。

'a+'：可读可写，文件指针指向文件的最后，如果文件不存在，将尝试建立文件。

2．fgets()函数

fgets()函数的格式如下：

```
string fgets(int handle [,int length])
```

fgets()函数的功能是从文件指针中读取一行。其中 handle 是要读入数据的文件流指针，由 fopen 函数返回数值。length 是要读入的字符个数，实际读入的字符个数是 length-1。

从 handle 指向的文件中读取一行并返回长度最多为 length-1 字节的字符串。碰到换行符（包括在返回值中）、EOF 或者已经读取了 length-1 字节后停止（看先碰到哪一种情况）。如果没有指定 length，则默认认为 1K，也就是说 1024 字节。出错时返回 FALSE。

3．fwrite()函数

fwrite()函数格式如下：

fwrite()函数的功能是 int fwrite（resource handle，string string [，int length]）

fwrite()函数的功能是写入文件，与 int fputs（resource handle，string str，int [length]）功能相同。

fwrite()把 string 的内容写入文件指针 handle 处。如果指定了 length，当写入了 length 个字节或者写完了 string 以后，写入就会停止。

fwrite()返回写入的字符数，出现错误时返回 FALSE。

4. fclose()函数

fclose()函数的格式如下：

```
bool fclose(resource handle)
```

fclose()函数的功能是关闭一个已打开的文件指针，即将 handle 指向的文件关闭。如果成功则返回 TRUE，失败则返回 FALSE。

文件指针必须有效，并且是通过 fopen()或 fsockopen()成功打开的。

下面就用以上几个简单的文件操作函数来编写一个文本类型的访客计数器。

```
1:<!--文件 8-25.php:访客计数器-->
2:<html>
3:     <head>
4:          <title>访客计数器</title>
5:     </head>
6:     <body>
7:          <?php
8:               if(!file_exists("num.txt")){        //如果文件不存在
9:                   $fp=fopen("num.txt","w");        //借助 w 参数,创建文件
10:                   fclose($fp);                    //关闭文件
11:                   echo "num.txt 文件创建成功!<br>";
12:               }
13:               $fp=fopen("num.txt","r");
14:          @$num=fgets($fp,12);                     //读取 11 位数字
15:          if($num=="")$num=0;
16:               //如果文件的内容为空,初始化为 0
17:          $num++;                                  //浏览次数加 1
18:          @fclose($fp);                            //关闭文件
19:          $fp=fopen("num.txt","w");                //只写方式打开 num.txt 文件
20:          fwrite($fp,$num);                        //写入加一后结果
21:          fclose($fp);                             //关闭文件
22:          echo "您是第".$num."位浏览者!";           //浏览器输出浏览次数
23:          ?>
24:     </body>
25:</html>
```

当程序 8-25.php 第一次运行时，其运行结果如图 8-26（a）所示，第二次运行时，其运行效果如图 8-26（b）所示。

图 8-26　程序 8-25.php 的运行结果

（a）第一次运行；（b）第二次运行

不难发现制作一个文件类型计数器的基本思路是：打开一个文件→读出文件里面的内容（数据）→数据+1 后再写入该文件→关闭文件。由于当文件以可读可写方式打开时，文件的内容同时被清空，所以做文件计数器时的具体的步骤是：以只读方式打开一个文件→读出文

件里面的内容（数据）→关闭文件→再以可读可写方式打开文件→数据+1 后再写入该文件→关闭文件。

8.3.7.3 目录的创建、删除与遍历

目录的操作主要是利用相关的目录函数来实现的，先来看一下与目录有关的函数。

（1）string getcwd（void）

功能：取得当前工作目录。

（2）bool chdir（string directory）

功能：将当前目录改为 directory。

（3）new dir（sting directory）

功能：将输入的目录名转换为一个对象并返回，如：

```
class dir {
    dir(string directory )
    string path
    resource handle
    string read( void )
    void rewind( void )
    void close( void )
}
```

该对象含有 2 个属性和 3 个方法。2 个属性为：

handle：目录句柄。

path：打开目录的路径。

3 个方法为：

read（void）：读取目录。

rewind（void）：复位目录。

close（void）：关闭目录。

这 3 个方法与后面的将要介绍的 readdir()、rewinddir()、closedir()函数的作用相同。

（4）resource opendir（string path）

功能：打开目录句柄，path 为要打开的目录路径。

（5）string readdir（resource dir_handle）

功能：返回目录中下一个文件的文件名，文件名以在文件系统中的排序返回。

（6）dir_handle 为目录句柄的 resource，之前由 opendir()打开。

功能：成功则返回文件名，失败返回 FALSE。

（7）void rewinddir（resource dir_handle）

功能：倒回目录句柄。将 dir_handle 指定的目录流重置到目录的开头。dir_handle 为目录句柄的 resource，之前由 opendir()打开。

（8）void closedir（resource dir_handle）

功能：关闭目录句柄。关闭由 dir_handle 指定的目录流，流必须已被 opendir()打开。

（9）array scandir（string directory [, int sorting_order]）

功能：列出指定路径中的文件和目录。返回一个 array，包含有 directory 中的文件和目录。

参数 directory 是要被浏览的目录。

参数 sorting_order 是文件的排列顺序，默认的排序顺序按字母升序排列。如果使用了可选参数 sorting_order（设为 1），则排序顺序按字母降序排列。

（10）bool chroot（string directory）

将当前进程的根目录改变为 directory。

本函数仅在系统支持且运行于 CLI、CGI 或嵌入 SAPI 版本时才能正确工作。此外本函数还需要 root 权限。

现举例如下：

```
1:  <!--文件 8-26.php:目录输出-->
2:  <HTML>
3:  <HEAD>
4:      <TITLE>目录输出</TITLE>
5:  </HEAD>
6:  <BODY>
7:      <?php
8:              $dir=getcwd();                  //获取当前路径
9:              echo getcwd(). "<br>";          //输出当前目录
10:             $files1=scandir($dir);          //列出指定路径中的文件和目录
11:             $files2=scandir($dir,1);
12:             print_r($files1);               //输出指定路径中的文件和目录
13:             print_r($files2);
14:             $dir=dir($dir);
15:             echo gettype($dir)."<br>";
16:             echo "目录句柄:".$dir->handle."<br>";
17:             echo "目录路径:".$dir->path."<br>";
18:             while($entry=$dir->read())
19:                 echo $entry.";<br> ";
20:             $dir->close();
21:                 if(chdir("c:/windows")){
22:                     echo "当前目录更改成功:c:/windows<br>";
23:                     }else{
24:                         echo "当前目录更改失败!<br>";
25:                         }
26:      ?>
27: </BODY>
28: </HTML>
```

程序 8-26.php 运行结果如图 8-27 所示。

下面再来看一个例子，具体体会一下目录操作在实际中的应用。

```
1:  <!--文件 8-27.php:遍历图片显示-->
2:  <HTML>
3:  <HEAD>
4:      <TITLE>遍历图片显示</TITLE>
5:  </HEAD>
6:  <BODY>
7:      <?php
8:              $addr="./image/";
9:              $dir=dir($addr);
10:             while($file_name=$dir->read()){
```

```
11:                        if($file_name=="." or $file_name==".."){
12:                            }else{
13:                                echo "<img src=".$addr.$file_name." width=80
height=60>&n bsp; ";
14:                            }
15:                        }
16:      ?>
17:      </BODY>
18: </HTML>
```

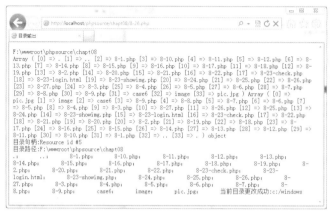

图 8-27   程序 8-26.php 的运行结果

其运行结果如图 8-28 所示。

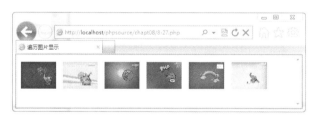

图 8-28   程序 8-27.php 的运行结果

提示

通过这个实例，可以做出企业网站中的宣传图片或商业网站的广告。更新这些图片时，添加删除图片就可以了，这样是不是很简单呢？

8.3.8   其他函数

据粗略统计，PHP 5 提供的函数总数达 3800 多个，分属于 160 多个类别，可以说是体系极为庞大。这些函数涵盖了 PHP 编程的方方面面，给 PHP 开发者带来巨大的便利和强有力的支撑。

虽然本章中已经用了很大的篇幅介绍一些最常用的函数，但和 PHP 全部函数比起来，仍然只是极小的一部分。除此之外，还有数据库函数、XML 函数、Socket 函数、正则表达式函数、COM 与 DOM 函数、压缩函数、MAIL 函数等。这么多的函数必然不是短期学习能够掌握的，这就要求读者首先充分了解 PHP 函数的体系，然后通过长时间不断地学习、积累，最终达到较高的水平。

学习过程中，建议读者准备一份中文版的官方 PHP 手册。在 PHP 官方网站和国内其他网站上很容易下载到。这本手册涵盖了 PHP 各方面的知识，并提供了几乎全部函数的介绍。可以说 PHP 手册是 PHP 初学者及开发者必不可少的参考工具。

关于 PHP 函数部分就介绍这些。本书中的其他章节还将根据需要介绍其他函数，如文件/目录函数、数据库函数等。

8.4　独　立　探　索

用文本操作实现支持头像上传的用户注册与登录。

8.5　项　目　确　定

自己查找完成或进一步优化自己的多用户博客系统。

8.6　协　作　学　习

1．独立完成 8.5 中的任务，写出具体的完成情况。
2．与同组的同学交换检查是否正确，若有错误写出错误原因。
3．若还讨论了其他问题，请写出题目及讨论的结果。

8.7 学 习 评 价

分数：_____

学习评价共分为三部分：自我评价、同学评价、教师评价，分值分别为：30、30、40 分。

评价项目	分数	评 价 内 容
自我评价		
同学评价		签名：_____
教师评价		签名：_____

子项目九 系 统 测 试

9.1 情 景 设 置

通过前八个子项目，我们完成了多用户博客系统的开发和代码编写工作，接下来的工作就是集成测试我们的劳动成果。

9.2 项 目 确 定

按照子项目一中的功能分析，测试自己和同组同学的多用户博客系统是否已经完成了所有的功能，写出自己测试的基本步骤，并分析自己制作系统的优缺点。

9.3 协 作 学 习

1. 完成 9.2 中的任务，写出具体的完成情况。
2. 若还讨论了其他问题，请写出题目及讨论的结果。

9.4 学 习 评 价

分数：_____

学习评价共分为三部分：自我评价、同学评价、教师评价，分值分别为：30、30、40 分。

评价项目	分数	评 价 内 容
自我评价		
同学评价		签名：_____
教师评价		签名：_____

附 录 参 考 答 案

子项目一 功能分析与设计

1.4 独立探索

探索问题：通过 1.3 节的演示，分析本项目共分为几种类型的用户，各自的功能是什么？并用图表的形式表现出来。

通过对多用户博客系统的分析，本项目系统分为三大类用户：注册用户、超级管理用户和浏览用户。三大类用户的功能如下：

注册用户：常规设置（博客的页面显示属性和标题、版权等）、友情链接管理（添加、编辑和删除自己的友情链接）、首页图片管理（banner 和博主形象图片）、站长的话、日志的分类（添加、编辑和修改）、日志的添加（按照分类添加）、日志的管理（编辑删除）及安全设置。

超级管理用户：设置注册用户的状态、删除现有的博客用户，统计注册用户的博客种类数、博文数及安全设置。

浏览用户：根据注册用户设置的常规设置的格式来访问博客用户添加的友情链接、首页图片、站长的话、日志分类、日志的具体内容等信息。

系统功能如图 1 所示。

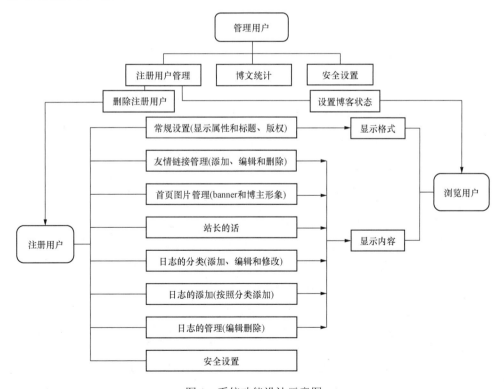

图 1 系统功能设计示意图

1.6 协作学习

分组讨论 1.5 中确定的项目，写出讨论的结果。若还讨论了其他问题，请写出题目及讨论的结果。

由于本系统较为复杂，所含的文件也比较多，如果一一写出其详细的算法需要非常大的篇幅。下面就 3 类不同用户的访问或操作流程简单地进行描述，如图 2～图 4 所示。

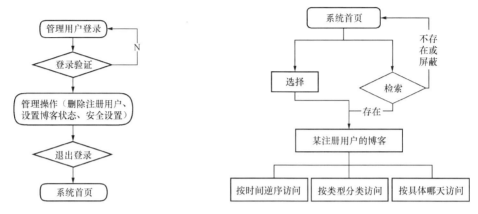

图 2　超级管理用户流程简图　　　　　　图 3　浏览用户流程简图

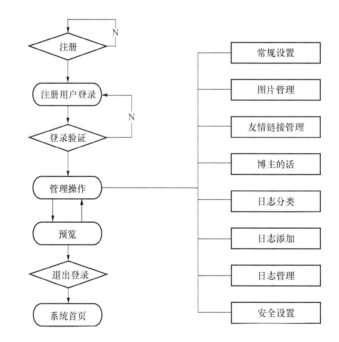

图 4　注册用户流程简图

子项目二　开发环境的选择与搭建

2.4 独立探索

1. 自己上网查看哪些网站是用 PHP 做的，请列举出十个网站。

略。

2．自己动手为自己的机器配置 PHP+MySQL 环境，并用自己的语言简单阐述其过程。
详见 2.3.7 节。

3．上网搜索其他的 PHP+MySQL 环境的搭建方法（如 PHPStudy），并简要描述其步骤。
略。

建议初学者直接使用 PHPStudy 搭建服务环境。有关集成安装包和相关教程请到 http://www.phpstudy.net/下载。

4．有能力的同学研究一下在 Linux 系统下 PHP 的安装过程。

Linux 在当今服务器操作系统领域占有重要的地位，PHP 可以完美的运行在 Linux 平台上，因此介绍 Linux 下的 PHP 安装配置就显得很有必要。

与 Windows 不同，Linux 是一个开源的系统，其版本比较多，名称也各不相同，如 Red Hat Linux、SuSe Linux、Ubuntu Linux、Debian Linux、红旗 Linux 等。

在很多 Linux 版本上，PHP 的安装步骤略显复杂。因为要用到一些 Linux 命令对 PHP 进行解压、编译、配置。而根据 Linux 的不同版本，其步骤又各有区别，这在很大程度上增加了 Linux 下配置 PHP 的难度，对于初学者来说容易被迷惑。但是随着技术的发展，现在已经有Linux版本支持通过直观、易操作的方式在Linux上配置PHP＋MySQL＋Apache。如 Red Hat 发布的 Fedora 8，在 Fedora 8 中直接集成了开发 PHP 所需要的 PHP 安装包、Apache 服务器、MySQL 数据库和其他工具。只需要在安装 Fedora 时选配这些组件，系统装好之后即可以轻松开启 PHP 支持。几乎相当于省略了手工安装步骤，只需要设置服务器是否开启或者关闭 PHP 支持即可，可以说非常方便。

Fedora 是基于 Linux 的操作系统，包含了自由和开源软件最新的成果。和绝大多数 Linux 系统一样，Fedora 允许所有人自由使用、修改和重新发布。可以通过 Fedora 项目的官方网站直接下载 Fedora 的安装文件（一般为 ISO 光盘映像）。

下面就以 Fedora 8 为例，简要介绍如何在 Fedora 上运行 PHP5.2.4。

（1）选配 Fedora 组件。在 Fedora 安装中的额外功能选项步骤默认的只有"办公"。将"网络服务器"勾选，并选中下方的"现在定制"，然后单击"下一步"，如图 5 所示。

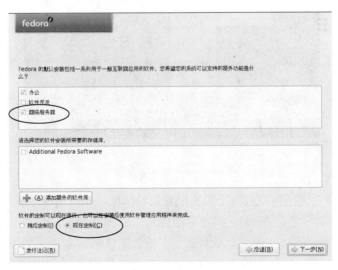

图 5　Fedora 安装

进入下一步后，可以自由定制需要安装的服务器软件。在出现的窗口的左侧选择"服务器"，右侧列出了服务类型，里面包含了许多常见的服务。出于学习 PHP 的需要，建议勾选"MySQL 服务器"、"万维网服务器"两项。为了进一步选择服务器的组件，可以单击下方的"可选的软件包"按钮，如图 6 所示。

打开"可选的软件包"后，可以看到所列出的软件包，其中已经包含了 Apache、PHP 等，如图 7 所示。如果没有特殊需求，一般情况下不需要对其进行修改，按照默认设置即可。

图 6　定制服务器组件　　　　　　　　　图 7　可选软件包的自定义

一切设置妥当后，可以进入下一步，按提示安装完成 Fedora，此处不再赘述。

（2）开启 Apache 服务。Fedora 安装完成后，默认情况下 Apache 服务是关闭的，需要进行手工开启。

开机进入 Fedora 桌面，选择"系统→"管理"→"服务"，如图 8 所示。

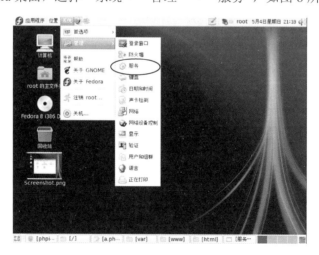

图 8　开启 Apache 服务

选择执行"服务"之后可以打开"服务配置"对话框。在对话框中找到 httpd 项，勾选此项并单击"开始"，稍等之后 Apache 即可启动成功，如图 9 所示。

Apache 启动之后，可以打开浏览器测试一下是否能够访问本地服务器。打开 Fedora 自带的 FireFox 浏览器，在地址栏中输入 http：//localhost，可以看到如图 10 所示的界面，说明 Apache 服务启动成功。

图 9 Fedora 服务配置

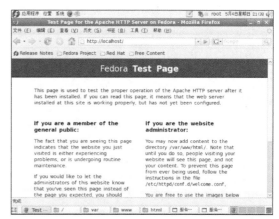

图 10 Fedora 服务器默认首页

（3）运行 PHP。实际上，Fedora 已经安装好了 PHP，而且一般都是最新版本。几乎不需要自己做任何配置，就能直接使用 PHP 了。还是用 2.3.7.1 节中的测试程序来检查一下 Fedora 服务器是否已经能够支持 PHP，同时可以了解 PHP 的版本。

```
<?php
  phpinfo();
?>
```

可将此文件保存为 test.php，并将其复制到 Apache 主目录下（Fedora 默认为 /var/www/html/），然后在地址栏中输入 http：//localhost/test.php，可以看到成功输出了 PHP 配置信息，证明 PHP 运行成功！运行结果如图 11 所示。

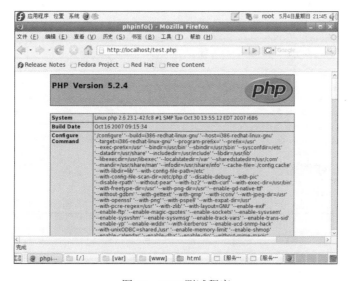

图 11 PHP 测试程序

至此，在 Fedora 上安装 Apache＋PHP 的步骤已经完成。可以看出，Fedora 提供了完美的 PHP 支持，开发者可以轻松地使用 PHP。由于 Fedora 内置 PHP 支持，使得在 Fedora 下配置 PHP 比在 Windows 下都要简单许多。

当然，Fedora 自动安装的 Apache 和 PHP 都是按照默认配置进行设置的，为了满足用户个性化的需要，可以对其进行进一步自定义配置。如修改 Apache 主目录、添加虚拟目录、站点及修改 PHP 配置信息等，这部分内容请感兴趣的读者参考有关资料自行实现。

2.6 协作学习

参照 2.3.7 节或采用 PHPstudy 集成安装包。

子项目三 数据库的设计与创建

3.4 独立探索

根据子项目一中自己设计出的功能，就超级管理用户、注册用户、注册用户的博客分类、博客内容、博客评论、博客 banner 头图片和博主的形象等功能设计出所包含的数据表及数据表的字段。

存储博客主体内容数据的数据库名字为 blog_db，含有 6 个数据表，这 6 个数据表之间的关系如图 12 所示。

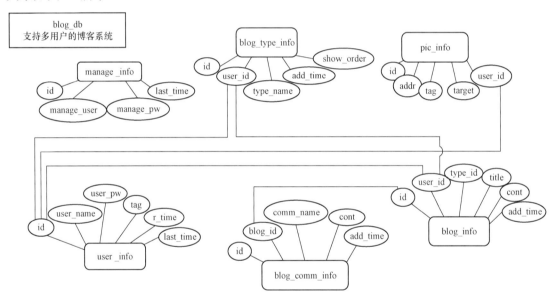

图 12　数据库设计及数据表间关系示意图

6 个数据表详细的字段设计分别如表 1～6 所示。

表 1　　　　　　　　　　　**manage_info**（管理用户信息数据表）

编号	字 段 名	类 型	字段意义	备 注
1	id	int		
2	manage_user	varchar（20）	管理用户名	
3	manage_pw	varchar（32）	管理用户口令	
4	last_time	datetime	最后登录时间	

表 2　　　　　　　　　　**user_info（注册用户信息数据表）**

编 号	字 段 名	类　　型	字 段 意 义	备　　注
1	id	int		
2	user_name	varchar（20）	用户名	
3	user_pw	varchar（32）	用户密码	
4	nickname	varchar（32）	昵称	
5	stu_xh	varchar（32）	学号	
6	true_name	varchar（32）	真实姓名	
7	tag	char（2）	标志位	0：屏蔽该用户 1：正常
8	r_time	datetime	用户注册时间	
9	last_time	datetime	最后登录时间	

表 3　　　　　　　　　　**blog_type_info（blog 类型信息数据表）**

编 号	字 段 名	类　　型	字 段 意 义	备　　注
1	id	int		
2	user_id	int	用户 ID	等同于表 user_info 中的 id
3	type_name	varchar（10）	类型名称	
4	add_time	datetime	添加时间	
5	show_order	int（10）	显示序号	

表 4　　　　　　　　　　**blog_info（博客信息数据表）**

编 号	字 段 名	类　　型	字 段 意 义	备　　注
1	id	int		
2	user_id	int	用户 ID	等同于表 user_info 中的 id
3	type_id	int	类型	等同于表 blog_type_info 中的 id
4	title	varchar（100）	博客标题	
5	cont	text	博客内容	
6	add_time	datetime	添加时间	

表 5　　　　　　　　　　**blog_comm_info（博客评论信息数据表）**

编 号	字 段 名	类　　型	字 段 意 义	备　　注
1	id	int	自动编号	
2	blog_id	int（11）	博客 ID	等同于表 blog_info 中的 id
3	comm_name	varchar（32）	评论人	
4	cont	text	评论内容	
5	add_time	datatime	添加时间	

表 6   pic_info（系统图片信息数据表）

编号	字 段 名	类 型	字段意义	备 注
1	id	int	自动编号	
2	saddr	varchar（32）	图片地址	
3	tag	char（2）	显示/隐藏标志位	0：隐藏 1：显示
4	target	char（2）	图片位置	1：顶部 banner 2：站长形象
5	user_id	int（11）	用户 ID	等同于表 user_info 中的 id

3.6 协作学习

1. 独立完成 3.5 中的任务，并与同组的同学交换检查是否正确，若有错误写出错误原因。

按照 3.3.5 的方法和 3.4 中设计的数据表的结构创建对应的数据表。

相关的 SQL 语句如下：

（1）创建表 `blog_comm_info`的 SQL 语句。

```
CREATE TABLE IF NOT EXISTS `blog_comm_info`(
  `id` int(11)NOT NULL AUTO_INCREMENT,
  `blog_id` int(11)DEFAULT '0',
  `comm_name` varchar(32)CHARACTER SET utf8 NOT NULL,
  `cont` text CHARACTER SET utf8 NOT NULL,
  `add_time` datetime DEFAULT '0000-00-00 00:00:00',
  UNIQUE KEY `id`(`id`)
)ENGINE=MyISAM DEFAULT CHARSET=utf8 COLLATE=utf8_bin AUTO_INCREMENT=1 ;
```

（2）创建表`blog_info`的 SQL 语句。

```
CREATE TABLE IF NOT EXISTS `blog_info`(
  `id` int(11)NOT NULL AUTO_INCREMENT,
  `user_id` int(11)NOT NULL,
  `type_id` int(11)NOT NULL,
  `title` varchar(100)CHARACTER SET utf8 NOT NULL,
  `cont` text CHARACTER SET utf8 NOT NULL,
  `add_time` datetime DEFAULT '0000-00-00 00:00:00',
  UNIQUE KEY `id`(`id`)
)ENGINE=MyISAM  DEFAULT CHARSET=utf8 COLLATE=utf8_bin AUTO_INCREMENT=1 ;
```

（3）创建表`blog_type_info`的 SQL 语句。

```
CREATE TABLE IF NOT EXISTS `blog_type_info`(
  `id` int(11)NOT NULL AUTO_INCREMENT,
  `user_id` int(11)NOT NULL,
  `type_name` varchar(10)CHARACTER SET utf8 NOT NULL,
  `add_time` datetime DEFAULT '0000-00-00 00:00:00',
  `show_order` int(10)DEFAULT '0',
  UNIQUE KEY `id`(`id`)
)ENGINE=MyISAM  DEFAULT CHARSET=utf8 COLLATE=utf8_bin AUTO_INCREMENT=1 ;
```

（4）创建表`manage_info`的 SQL 语句。

```
CREATE TABLE IF NOT EXISTS `manage_info`(
  `id` int(11)NOT NULL AUTO_INCREMENT,
  `manage_user` varchar(20)CHARACTER SET utf8 NOT NULL,
  `manage_pw` varchar(32)CHARACTER SET utf8 NOT NULL,
  `last_time` datetime DEFAULT '0000-00-00 00:00:00',
  UNIQUE KEY `id`(`id`)
)ENGINE=MyISAM  DEFAULT CHARSET=utf8 COLLATE=utf8_bin AUTO_INCREMENT=1 ;
```

（5）创建表`pic_info`的 SQL 语句。

```
CREATE TABLE IF NOT EXISTS `pic_info`(
  `id` int(11)NOT NULL AUTO_INCREMENT,
  `addr` varchar(32)CHARACTER SET utf8 NOT NULL,
  `tag` char(2)CHARACTER SET utf8 DEFAULT '1',
  `target` char(2)CHARACTER SET utf8 DEFAULT '0',
  `user_id` int(11)NOT NULL,
  UNIQUE KEY `id`(`id`)
)ENGINE=MyISAM  DEFAULT CHARSET=utf8 COLLATE=utf8_bin AUTO_INCREMENT=1 ;
```

（6）创建表`user_info`的 SQL 语句。

```
CREATE TABLE IF NOT EXISTS `user_info`(
  `id` int(11)NOT NULL AUTO_INCREMENT,
  `user_name` varchar(20)CHARACTER SET utf8 NOT NULL,
  `user_pw` varchar(32)CHARACTER SET utf8 NOT NULL,
  `nickname` varchar(32)CHARACTER SET utf8 NOT NULL,
  `stu_xh` varchar(32)CHARACTER SET utf8 NOT NULL,
  `true_name` varchar(32)COLLATE utf8_bin NOT NULL,
  `tag` char(2)CHARACTER SET utf8 DEFAULT '1',
  `r_time` datetime DEFAULT '0000-00-00 00:00:00',
  `last_time` datetime DEFAULT '0000-00-00 00:00:00',
  UNIQUE KEY `id`(`id`)
)ENGINE=MyISAM  DEFAULT CHARSET=utf8 COLLATE=utf8_bin AUTO_INCREMENT=1 ;
```

2．再次分析数据库设计是否能够完全满足子项目一中的功能设计需要，若不能找出解决方案。

有关注册用户的常规设置、博主的话、超级链接等信息还没有设计相对应的数据表进行数据存储。

3．从网上搜索并下载 Navicat，研究其使用方法。

从 http：//www.navicat.com.cn 下载 navicat，并查看其在线帮助手册。

4．若还讨论了其他问题，请写出题目及讨论的结果。

略。

子项目四　嵌入 PHP 与 PHP 基础

4.4　独立探索

1．用函数递归实现阶乘运算和斐波那契数列。

首先，要弄清楚嵌套和递归两个概念。嵌套就是一个函数在其函数体内调用其他函数；递归就是一个函数在自己的函数体内调用自身。

下面用函数递归的方式实现程序 4-22.php 的功能，即求阶乘。

```
1:<!--文件 4-27.php:函数递归实现阶乘运算-->
2:<HTML>
3:  <HEAD>
4:      <TITLE>函数递归实现阶乘运算</TITLE>
5:  </HEAD>
6:  <BODY>
7:      <?php
8:          function factorial($n)
9:          {
10:              if($n==1)
11:                  return 1;
12:              return $n*factorial($n-1);
13:          }
14:              for($i=1;$i<=6;$i++)
15:          {
16:          $num=factorial($i);
17:          echo $i."!=".$num."<br>";
18:      }
19:  ?>
20:</BODY>
21:</HTML>
```

程序 4-27.php 运行结果如图 13 所示。

图 13   程序 4-27.php 的运行结果

可以看出，使用递归可以使程序简化，但由于递归的实现是由栈来完成的，每一次函数调用都会用栈来保存信息，所以使用递归会占用较多的内存空间，而且递归的层数越多，资源占用得越多。一些比较典型的编程问题，如"八皇后问题"、"骑士遍历问题"等都可以使用 PHP 中的递归函数思想给出漂亮的解法，下面用递归的思想输出斐波那契数列。

```
1:<!--文件 4-28.php:使用递归求解斐波那契数列-->
2:<HTML>
3:  <HEAD>
4:      <TITLE>使用递归求解斐波那契数列</TITLE>
5:  </HEAD>
6:  <BODY>
7:  <?php
8:      function fib($n)
9:      {
10:          if($n<0)
11:              return 0;
```

```
12:          else≠if($n<=2)
13:              return 1;
14:          return fib($n-1)+fib($n-2);
15:      }
16:          echo "斐波那契数列的前10项:";
17:      for($i=1;$i<=10;$i++)
18:      {
19:          $Var=fib($i);
20:          echo $Var." ";
21:          }
22:      ?>
23:   </BODY>
24:</HTML>
```

程序 4-28.php 运行结果如图 14 所示。

图 14 程序 4-28.php 的运行结果

4.6 协作学习

1．独立完成 4.5 中的任务，写出具体的完成情况。

（1）把所有文件的 HTML 文件的后缀 ".html" 更改成 ".php"，并测试运行的效果是否与更改前相同。

（2）对前台页面利用文件包含的方式进行文件模块化：

1）从根目录下 index.php 中复制 Banner 头部分的代码，并另存到 inc 文件夹的 head.php 中，其他前台文件（根目录下）Banner 头部分代码，更改成如下代码：<?php include "inc/head.php"; ?>。

2）从根目录下 index.php 中复制版权部分的代码，并另存到 inc 文件夹的 foot.php 中，其他前台文件（根目录下）版权部分代码，更改成如下代码：<?php include "inc/foot.php"; ?>。

3）从根目录下 myblog.php 文件中，复制右侧的菜单部分代码，并另存到当前目录下的 menu.php 中，其他前台文件（根目录下）含有右侧菜单部分的代码，更改成如下代码：<?php include "./menu.php"; ?>。

4）从根目录下 myblog.php 文件中，复制注册用户的版权部分代码，并另存到 inc 文件夹的 myfoot.php 中，其他前台文件（根目录下）含有注册用户版权部分的代码，更改成如下代码：<?php include "inc/myfoot.php"; ?>。

5）从注册用户管理文件夹 manage 中的 index.php 中复制 Banner 头代码，并另存到当前目录下的 head.php 中，本文件夹中的其他管理功能文件中的 Banner 头部分代码，更改成如下代码：<?php include "./head.php"; ?>。

6）注册用户管理文件夹 manage 中文件的版权部分代码，更改成如下代码：<?php include

"../inc/foot.php"; ?>。

7）从注册用户管理文件夹 manage 中文件 index.php 中，把右侧管理菜单部分代码复制，并另存到当前目录下 menu.inc.php 中，本文件夹中的其他管理功能文件中右侧菜单部分代码，更改成如下代码：<?php include "./menu.inc.php"; ?>。

8）从超级管理员管理文件夹 super 中的 index.php 中把 Banner 头代码复制，并另存到当前目录下的 head.php 中，本文件夹中的其他管理功能文件中的 Banner 头部分代码，更改成如下代码：<?php include "./head.php"; ?>。

9）超级管理用户管理文件夹 super 中文件的版权部分代码，更改成如下代码：<?php include "../inc/foot.php"; ?>。

2．与同组的同学交换检查是否正确或有遗漏，若有错误写出错误原因。

略。

3．若还讨论了其他问题，请写出题目及讨论的结果。

略。

子项目五　PHP 操作数据库

5.4　独立探索

1．编写连接数据库的类库，并注明调用方法。

连接数据库的类库代码如下：

```php
<?php
//设定字符编码
@header("Content-Type:text/html;charset=UTF-8");
/*

*调用方法：1．先初始化一个对象，如：$folie=new mysql；
*2．利用该对象连接数据库服务器，如：$folie->link（""）；
*3．利用对象的excu方法，执行一个sql语句，如$folie->excu（$query）；

*/
class mysql{
    //连接服务器、数据库及执行 SQL 语句的类库
    public $database;
    public $server_username;
    public $server_userpassword;
    function mysql()
    {   //构造函数初始化所要连接的数据库
        $this->server_username="root";
        $this->server_userpassword="root";
    }//end mysql()
function link($database)
    {   //连接服务器和数据库

        if($database==""){
            $this->database="blog_db";
            }else{
            $this->database=$database;
```

```
        }
        //连接服务器和数据库

if($id=mysql_connect('localhost',$this->server_username,$this->server_use
rpassword)){
            //mysql_query("SET CHARACTER SET gb2312");
            if(!mysql_select_db($this->database,$id)){
                echo "数据库连接错误!!!";
                exit;
                }
            }else{
                echo "服务器正在维护中,请稍后重试!!!";
                exit;
            }
        //mysql_query("SET CHARACTER SET gb2312");
        //如果出现乱码,尝试打开上面的屏蔽
    }//end link($database)
    function excu($query)
    {     //执行 SQL 语句
        if($result=mysql_query($query)){
                    return $result;
        }else{
                    echo mysql_error();
        echo "sql 语句执行错误!!!请重试!!!";
            exit;
        }
    } //end  exec($query)
} //end class mysql
?>
```

5.6　协作学习

1. 独立完成 5.5 中的任务，写出具体的完成情况。

（1）在文件夹 inc 中创建 PHP 文件"mysql.inc.php"，代码同 5.5 中的代码。

（2）下面以根目录下的 index.php 为例说明从数据库中读出数据的步骤。

1）包含类库文件 。

```
include "inc/mysql.inc.php";
```

2）初始化对象。

```
$crazy=new myfunction;
```

3）用对象连接数据库。

```
$folie->link("");
```

4）构造 SQL 语句，如从注册用户信息表中，按照注册的逆序查询显示状态的注册用户信息。

```
$query = "select * from user_info where tag = '1' order by r_time desc";
```

5）利用对象的 excu 方法，执行 SQL 语句。

```
$rst = $folie->excu($query);
```

6）循环输出查询出来的用户信息。

```
while($info = mysql_fetch_array($rst)){
  //输出用户信息,略
}
```

（3）其他根目录下的文件，仿照 index.php 中的方法编写。

友情提示：可以通过 phpmyadmin 直接向数据表中插入相关数据，以测试自己编写的程序的正确性。

2．与同组的同学交换检查是否正确，若有错误写出错误原因。

略。

3．若还讨论了其他问题，请写出题目及讨论的结果。

略。

子项目六 数据传递与文件上传

6.4 独立探索

1．把程序 6-1 更改成可以进行加、减、乘、除四则运算的程序，并写出相关代码。

相关代码如下：

```
<HTML>
    <HEAD>
        <TITLE>表单数据传递</TITLE>
    </HEAD>
    <BODY>
    <?php
    $tag=$_POST["tag"];
    if($tag==1){
        $addend1=$_POST["addend1"];
        $addend2=$_POST["addend2"];
        $ys=$_POST["ys"];
        }else{
            $addend1=0;
            $addend2=0;
            }
    if($ys==""){
        $sum=$addend1+$addend2;
    }
    if($ys=="+"){
        $sum=$addend1+$addend2;
    }
    if($ys=="-"){
        $sum=$addend1-$addend2;
    }
    if($ys=="*"){
        $sum=$addend1*$addend2;
    }
    if($ys=="/"){
        $sum=$addend1/$addend2;
    }
```

```
  ?>
请在下面的表单中输入两数以求其和
<form name="form1" method="post" action="#">
<!--下面是一个隐藏表单,接收后用来判断是提交前的页面还是提交后的页面-->
  <input type="hidden" name="tag" size="4" value="1">
  <input type="text" name="addend1" size="4" value="<?php echo
$addend1;?>">
  <select name="ys">
  <?php
  if($ys!=""){
  echo "<option value=".$ys." selected=selected>".$ys."</option>";
  }
  ?>
    <option value="+">+</option>
    <option value="-">-</option>
    <option value="*">*</option>
    <option value="/">/</option>
  </select>
  <input type="text" name="addend2" size="4" value="<?php echo $addend2;?>">
=
  <?php echo $sum;?><br>
<br><input type="submit" name="button1" value="计算">
<input type="reset" name="button2" value="重置">
</form>
</BODY>
</HTML>
```

6.6 协作学习

1. 独立完成 6.5 中的任务,写出具体的完成情况。

(1)遍历注册用户管理文件,即文件夹 manage 中的文件,首先分析文件要完成的功能(form 表单项要传递的数据已经给出),再分析出需要附加在 action 上传递的参数,然后编写 action 的参数列表;若有编辑或删除等超级链接的地方也要分析并填写上需要传递的参数。

(2)遍历超级管理员用户管理文件,即文件夹 super 中的文件,首先分析文件要完成的功能(form 表单项要传递的数据已经给出),再分析出需要附加在 action 上传递的参数,然后编写 action 的参数列表;若有编辑或删除等超级链接的地方也要分析并填写上需要传递的参数。

(3)用户提交数据向数据库写入的功能,现以日志的添加为例说明。

1)包含类库文件 。

```
include "inc/mysql.inc.php";
```

2)初始化对象。

```
$crazy=new myfunction;
```

3)用对象连接数据库。

```
$folie->link("");
```

4)接收用户提交数据、构造 SQL 语句、利用对象的 excu 方法,执行 SQL 语句,实现用户数据向数据表中写入。

```
$submit=$_POST["submit"];
if($submit=="提交"){
    $type_name_id=$_POST["type_name_id"];
    $title=$_POST["title"];
    $cont=$_POST["content"];
    $cont=$crazy->str_to($cont);              //字符转换,使其支持空格和换行
    $add_time=date("Y-m-d H:i:s");
    if($type_name_id==""){
        $crazy->js_alert("请选择日志类型!","blog_add.php");
    }else if($title==""){
        $crazy->js_alert("标题为空!","blog_add.php");
    }else if($cont==""){
        $crazy->js_alert("日志内容为空!","blog_add.php");
    }else {
        $query="insert  into  blog_info(`user_id`,`type_id`,`title`,`cont`,
`add_time`)values('$_SESSION[user_id]','$type_name_id','$title','$cont','$add
_time')";
        $folie->excu($query);
        $crazy->js_alert("日志添加成功!","blog_add.php");
    }
}
```

（4）打开文件夹 manage 中的 pic_add.php 文件，有关文件上传的代码同例 6-3.php；把上传的文件信息写入到数据表中的核心 PHP 代码如下：

```
$query="insert into pic_info(`addr`,`tag`,`target`,`user_id`)
values('$filename','1','$target','$_SESSION[user_id]')";
        if($folie->excu($query)){
        $crazy->js_alert("恭喜您,添加图片成功!请继续。","pic_add.php");

        }
//删除图片操作
$del_id=$_GET["del_id"];
if($del_id!=""){
    $query="select * from pic_info where id='$del_id' and user_id='$_SESSION
[user_id]'";
    $rst=$folie->excu($query);
    $info=mysql_fetch_array($rst);
    $pic_addr="../pic_sys/".$info["addr"];
    unlink($pic_addr);
    $query="delete from pic_info where id='$del_id' and user_id='$_SESSION
[user_id]'";
    $rst=$folie->excu($query);
    echo "删除成功!";
}
//显/隐图片
$show_tag=$_GET["show_tag"];
$pic_id=$_GET["pic_id"];
if($show_tag==1 and $pic_id!=""){
    $query="update pic_info set tag='0' where id='$pic_id'";
```

```
    $rst=$folie->excu($query);
}else if($show_tag==0 and $pic_id!=""){
    $query="update pic_info set tag='1' where id='$pic_id'";
    $rst=$folie->excu($query);
}
```

2．与同组的同学交换检查是否正确，若有错误写出错误原因。

略。

3．若还讨论了其他问题，请写出题目及讨论的结果。

略。

子项目七　用户登录与身份验证

7.4　独立探索

1．自己动手编写完整的多用户博客系统的登录页面。

需要编写登录的文件有二：login.php 和 login_super.php

login.php 的核心 PHP 代码如下：

```
//验证用户登录信息
if($up_login==1){
    $user_name=$_POST["user_name"];
    $user_pw=$_POST["user_pw"];
    if($user_name == "" and $user_pw == ""){
        $crazy->js_alert("表单项均不能为空","login.php");
        exit;
    }
    $query="select * from user_info where tag='1' and user_name='$user_name'";

    $rst=$folie->excu($query);
    if(mysql_num_rows($rst)>=1){
        $info=mysql_fetch_array($rst);
        if($user_pw==$info["user_pw"]){
            //注册 session
            $_SESSION["user_name"]=$user_name;
            $_SESSION["user_id"]=$info["id"];
            $_SESSION["user_tag"]="1";
            $today=date("Y-m-d H:i:s");
            //更新最后登录时间
            $query = "update user_info set last_time='$today' where id='$info
[id]'";

            if($folie->excu($query)){
                //跳转到后台管理主页
                $crazy->js_alert("登录成功!","manage/index.php");
            }
        }else {
            $crazy->js_alert("用户名或密码错误!","login.php");
        }
    }else {
        $crazy->js_alert("用户名或密码错误!","login.php");
```

```
        }
    }
Login_super.php 的核心 PHP 代码如下：
//用户登录验证
if($submit=="提交"){
    $user_name=$_POST["user_name"];
    $query="select * from manage_info where manage_user='$user_name'";
    $rst=$folie->excu($query);
    if(mysql_num_rows($rst)>=1){
            $info=mysql_fetch_array($rst);
            $user_pw=$_POST["user_pw"];
            if($user_pw==$info["manage_pw"]){
                    $_SESSION["super_name"]=$user_name;
                    $_SESSION["super_tag"]="1";
                    $crazy->js_alert("登录成功!","super/index.php");
            }else {
                $crazy->js_alert("用户名或密码错误!","login_super.php");
            }
    }else {
        $crazy->js_alert("用户名或密码错误!","login_super.php");
    }
}
```

7.6 协作学习

1. 独立完成 7.5 中的任务，写出具体的完成情况。

（1）注册用户管理功能页面的安全性如下：

1）在文件夹 manage 中编写 session.php 文件，代码如下：

```
    <?php
if($_SESSION["user_name"]==""  or  $_SESSION["user_tag"]==""  or  $_SESSION
["user_id"]==""){
    header("location:../login.php");
}
?>
```

2）在文件夹 manage 中的所有 PHP 文件的第一行，加入如下代码：

```
<?php include "session.php";?>
```

（2）注册用户安全退出，更改文件夹 manage 中的 logout.php 文件的代码如下：

```
<?php
$_SESSION["user_name"]="";
$_SESSION["user_tag"]="";
$_SESSION["user_id"]="";
echo "<script>alert('已成功退出!');location.href='../index.php';</script>";
?>
```

（3）超级管理员管理功能页面的安全性如下：

1）在文件夹 super 中编写 session.php 文件，代码如下：

```
    <?php
if($_SESSION["super_name"]=="" or $_SESSION["super_tag"]==""){
```

```
       header("location:../index.php");
   }
   ?>
```

2）在文件夹 super 中的所有 PHP 文件的第一行，加入如下代码：

```
<?php include "session.php";?>
```

（4）注册用户安全退出，更改文件夹 super 中的 logout.php 文件的代码如下：

```
<?php
$_SESSION["super_name"]="";
$_SESSION["super_tag"]="";
echo "<script>alert('已成功退出!');location.href='../index.php';</script>";
?>
```

2．与同组的同学交换检查是否正确，若有错误写出错误原因。

略。

3．若还讨论了其他问题，请写出题目及讨论的结果。

略。

子项目八 系统的进一步完善

8.4 独立探索

1．用文本操作实现支持头像上传的用户注册与登录。

仔细分析本案例，实际上就是文件操作和文件上传的综合应用，具体制作步骤如下。

（1）设计一个简单的用户注册界面，含有上传头像的表单项。

（2）新建一个接收用户注册信息的文件，本文件所要完成的主要功能有：接收注册的用户名、登录口令和头像文件，实现头像（图片）的上传，把用户名、登录口令和上传后的头像文件信息记录到一个文本文件中。

（3）设计一个简单的用户登录界面（将用户注册的界面稍加修改即可）。

（4）新建一个接收用户登录信息的文件，本文件所要完成的主要功能有：接受登录用户的用户名和登录口令，从记录注册信息的文本文件中读出注册用户信息，检查接受的登录用户名是否存在及登录口令是否正确，若正确输出登录成功信息和头像图片，否则输出错误信息。

通过对本案例的具体分析，就可以依次编写下面的文件和代码。

（1）先制作一个用户注册界面文件 login.html，具体代码如下。

```
1:<!--文件 login.html:用户注册-->
2:<html>
3:<head>
4:<title>用户注册</title>
5:</head>
6:<body>
7:<form enctype="multipart/form-data" name="form1" method="post" action=
                "login_action.php">
8:<table width="329" height="150" border="0" align="center" cellpadding=
                "0" cellspacing="1" bgcolor="#0000FF">
9:  <tr>
```

```
10:   <td colspan="2" align="center" bgcolor="#FFFFFF">用 户 注 册</td>
11:   </tr>
12:   <tr>
13:    <td width="82" align="right" bgcolor="#FFFFFF">用户名:</td>
14:    <td width="244" align="left" bgcolor="#FFFFFF">
15:     <input type="text" name="user_name" size="16">    </td>
16:   </tr>
17:   <tr>
18:    <td align="right" bgcolor="#FFFFFF">登录口令:</td>
19:    <td align="left" bgcolor="#FFFFFF"><input type="password" name=
                "user_pw1" size="16"></td>
20:   </tr>
21:   <tr>
22:    <td align="right" bgcolor="#FFFFFF">登录口令:</td>
23:    <td align="left" bgcolor="#FFFFFF"><input type="password" name=
 "user_pw2" size="16"></td>
24:   </tr>
25:   <tr>
26:    <td align="right" bgcolor="#FFFFFF">头像:</td>
27:    <td align="left" bgcolor="#FFFFFF"><input type="file" name=
                "pic_name"></td>
28:   </tr>
29:   <tr>
30:   <td colspan="2" align="center" bgcolor="#FFFFFF">
31: <input type="submit" name="Submit" value="注册">  
32:    <input type="reset" name="Submit2" value="重置"></td>
33:   </tr>
34:   </table>
35:   </form>
36:   </body>
37:   </html>
```

这是一个静态的 HTML 页面，其运行效果也非常简单，如图 15 所示。

图 15　程序 login.html 的运行效果

（2）再编写一个接收用户注册信息，并使用文本写入的方法记录注册信息的文件 login_action.php，其具体代码如下。

```
1:<!--文件 login_action.php:用户注册-->
2:<html>
3:<head>
```

```
4:<title>用户注册</title>
5:</head>
6:<body>
7:  <?php
8:    //接收表单数据
9:  $user_name=$_POST["user_name"];
10: $user_pw1=$_POST["user_pw1"];
11: $user_pw2=$_POST["user_pw2"];
12:    //表单数据基本性验证,省略用户名重名验证
13:if($user_name=="" or $user_pw1=="" or $user_pw2=="" or $_FILES['pic_name']
['name']==""){
14: echo "用户名、两次输入的登录口令和头像全不能为空,请<a href=login.html>返回</a>
重新填写";
15: exit;
16: }
17:     if($user_pw1!=$user_pw2){
18:echo"您两次输入的登录口令不匹配,请<a href=login.html>返回</a>重新填写";
19:     }
20:       //生成自动文件名
21:       $rand1=rand(0,9);
22:       $rand2=rand(0,9);
23:       $rand3=rand(0,9);
24:       $filename=date("Ymdhms").$rand1.$rand2.$rand3;
25:       //头像上传
26:       $oldfilename=$_FILES['pic_name']['name'];
27:       $filetype = substr($oldfilename,strrpos($oldfilename,"."), strlen
($oldfilename)-strr pos($oldfilename,"."));
28:       if(($filetype!='.gif')&&($filetype!='.GIF')&&($filetype!=
'.jpg')&&($file type!='.JPG')){
29:         echo "<script>alert('文件类型或地址错误');</script>";
30:          echo "<script>location.href='login.html';</script>";
31:          exit;
32:         }
33:       if($_FILES['pic_name']['size']>1000000){
34:          echo "<script>alert('文件太大,不能上传');</script>";
35:          echo "<script>location.href='login.html';</script>";
36:          exit;
37:         }
38:            //取得保存文件的临时文件名(含路径)
39:      $filename=$filename.$filetype;
40:      $savedir=$filename;
41:      if(move_uploaded_file($_FILES['pic_name']['tmp_name'],$savedir)){
42:       $file_name=basename($savedir); //取得保存文件的文件名(不含路径)
43:          }else{
44:          echo "<script language=javascript>";
45:          echo "alert('错误,无法将附件写入服务器!\n 本次发布失败!');";
46:          echo "location.href='login.html';";
47:          echo "</script>";
48:          exit;
49:         }
50:   //记录注册信息到 user_info.txt 文件中
```

```
51:    $file=fopen("user_info.txt","a");
52:    flock($file,LOCK_EX);
53:    $string=$user_name."\n";
54:    fputs($file,$string);
55:    $string=$user_pw1."\n";
56:    fputs($file,$string);
57:    $string=$filename."\n";
58:    fputs($file,$string);
59:    fputs($file,"\n");
60:     echo "恭喜您,注册成功!<br>";
61:     echo "用户名:".$user_name."<br>";
62:     echo "登录口令:".$user_pw1."<br>";
63:     echo "头像:<img src=".$filename." align=middle><br>";
64:     echo "请<a href=land.html>登录</a>";
65:     ?>
66: </body>
67: </html>
```

分析上面的代码,不难发现本代码有两个难点,其一就是文件的上传(20~49 行),其二就是向文本文件中追加记录用户注册信息,并在记录每条信息后换行(51~59 行)。当用户全部且正确填写注册信息后,其运行效果如图 16 所示。

图 16　程序 login_action.php 的运行效果

(3)还需要建立一个用户登录表单"land.html",也就是单击图 8-30 中的"登录"链接所调转到的页面,其具体代码如下。

```
1:<!--文件 land.html:用户登录-->
2:<html>
3:<head>
4:<title>用户登录</title>
5:</head>
6:
7:<body>
8:<form name="form1" method="post" action="land_action.php">
9:<table width="297" height="105" border="0" align="center"cellpadding = "0"
cells pacing="1" bgcolor="#0000FF">
10:  <tr>
11:    <td colspan="2" align="center" bgcolor="#FFFFFF">用户登录</td>
```

```
12:    </tr>
13:    <tr>
14:      <td width="85" align="right" bgcolor="#FFFFFF">用户名:</td>
15:      <td width="209" align="left" bgcolor="#FFFFFF">
16:        <input type="text" name="user_name" size="16">    </td>
17:    </tr>
18:    <tr>
19:      <td align="right" bgcolor="#FFFFFF">登录口令:</td>
20:      <td align="left" bgcolor="#FFFFFF"><input type="password" name="user_pw"
size="16"></td>
21:    </tr>
22:    <tr>
23:      <td colspan="2" align="center" bgcolor="#FFFFFF">
24: <input type="submit" name="Submit" value="登录">  
25:        <input type="reset" name="Submit2" value="重置"></td>
26:    </tr>
27:    </table>
28:    </form>
29:    </body>
30:    </html>
```

这也是一个静态的 HTML 页面,其运行的效果如图 17 所示。

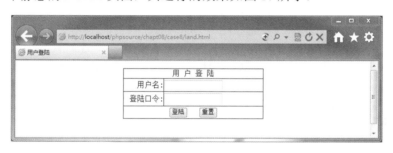

图 17 程序 land.html 的运行效果

(4)建立最后一个页面,也就是接收用户登录信息,并判断用户名和密码是否正确,输出相应信息或头像的页面。其基本思路和具体的实施步骤是:

1)接受登录用户的用户名和登录口令,并做相应的处理(连接换行符)。

2)初始化登录是否成功标志位。

3)打开文本文件并锁定,指针定位于第一行。

4)如果 3)成功,判断是否为文件尾,若不是文件尾,循环执行 5)~7)步。

5)读出指针所指行的数据,同时文件指针下移,判断是否为登录的用户名。

6)若 5)正确,读出指针所指行的数据,判断是否为登录口令,同时文件指针下移。

7)若 6)正确,输出登录正确信息和用户头像,并跳出循环。

8)判断登录标志位,如果为初始值,输出登录错误信息。

根据具体的实施步骤,可以编写如下代码。

```
1:<!--文件 login_action.php:用户登录-->
2:<html>
3:<head>
```

```
 4:<title>用户登录</title>
 5:</head>
 6:<body>
 7:  <?php
 8:  $user_name=$_POST["user_name"];
 9:  $user_pw=$_POST["user_pw"];
10:  $user_name2=$user_name."\n";
11:  $user_pw2=$user_pw."\n";
12:  $tag=0;    //登录是否成功标志位 0-不成功;1-成功
13:  $file=@fopen("user_info.txt","r");
14:  if($file){
15:      while(!feof($file)){       //循环,文件指针下移
16:          $buffer=fgets($file,4096); //取一行文本,同时文件指针下移
17:          if($buffer==$user_name2){
18:              $buffer=fgets($file,4096);
19:              if($buffer==$user_pw2){
20:                  echo "您输入的用户名密码正确,登录成功!<br>";
21:                  $image=fgets($file,4096);
22:                  echo "您的头像:<img src=".$image." align=middle><br>";
23:                  $tag=1;
24:                  break;
25:              }
26:          }
27:      }
28:      if($tag==0){
29:          echo "您输入的用户名和密码不正确,请<a href=land.html>返回</a>重新
输入";
30:      }
31:      fclose($file);
32: }
33: ?>
34: </body>
35: </html>
```

不难发现,本程序得以实现的难点是对文本文件的逐行读取。当用户正确填写用户登录信息后,运行效果如图18所示。

图 18　程序 land_action.php 的运行效果

8.6 协作学习

1. 独立完成 8.5 中的任务，写出具体的完成情况。

（1）注册用户常规设置功能的完成，核心的 PHP 代码如下：

```
$config_tag=$_GET["config_tag"];
$name="config".$_SESSION["user_id"];
if($config_tag==1){
    //接收变量
    $margin_top=$_POST["margin-top"];
    $margin_bottom=$_POST["margin-bottom"];
    $background_color=$_POST["background-color"];
    $title=$_POST["title"];
    $copy_right=$_POST["copy-right"];
    //构造字符串
    $str_in="<?php\n";
    $str_in.="global \$confg;\n";
    $str_in.="//网页布局参数\n";
    $str_in.="\$config['margin-top'] = \"".$margin_top."\";\n";
    $str_in.="\$config['margin-bottom'] = \"".$margin_bottom."\";\n";
    $str_in.="\$config['background-color'] = \"".$background_color."\";\n";
    $str_in.="\n";
    $str_in.="//头信息和版权设置\n";
    $str_in.="\$config['title'] = \"".$title."\";\n";
    $str_in.="\$config['copy-right'] = \"".$copy_right."\";\n";
    $str_in.="\n?>";
    //写入文件
    if($fp=fopen("../config/$name.inc","w")){
            fwrite($fp,$str_in);
            fclose($fp);
    }
    include "../config/$name.inc";
}
@include "../config/$name.inc";
```

（2）注册用户友情链接管理功能的完成，核心的 PHP 代码如下：

```
////编辑友情链接
if($_GET["edit_tag"]==1){
    $name="link".$_SESSION["user_id"];
    if(!@$fp=fopen("../config/$name.txt","r")){
            echo "未创建!<br>";
        }else{
        $link_name=$_GET["link_name"];
        $link_name_new=$_POST["link_name_new"];
        $link_addr_new=$_POST["link_addr_new"];
        @$rst=fgets($fp,3000);  //读取
        $link=explode("|",$rst);
        for($i=0;$i<count($link);$i++)
            {
                    if($i%2==0){
                    $j=$i+1;
```

```
                        if($link[$i]==$link_name){
                            $link[$i]=$link_name_new;
                            $link[$j]=$link_addr_new;
                        }
                    }
                }
                //构造新的字符串
                for($i=0;$i<count($link);$i++){
                    if($i==0){
                    $link_new=$link[$i];
                    }else{
                        $link_new.="|".$link[$i];
                    }
                //重新写入
                if($fp=fopen("../config/$name.txt","w")){
                fwrite($fp,$link_new);
                fclose($fp);
                }
                }
        }
}
///添加链接
if($_GET["add_tag"]==1){
    $link_name_new=$_POST[link_name_new];
    $link_addr_new=$_POST[link_addr_new];
    if($link_name_new!="" and $link_addr_new!=""){
        $name="link".$_SESSION["user_id"];
        @$fp=fopen("../config/$name.txt","r");
        @$rst=fgets($fp,3000);    //读取
        if($rst==""){
        $rst.=$link_name_new;
        $rst.="|".$link_addr_new;
        }else{
        $rst.="|".$link_name_new;
        $rst.="|".$link_addr_new;
        }
    //重新写入
        if($fp=fopen("../config/$name.txt","w")){
        fwrite($fp,$rst);
        fclose($fp);
        }
    }
}
//删除连接
if($_GET["del_tag"]==1){
    $link_name=$_GET["link_name"];
    $name="link".$_SESSION["user_id"];
    if(!@$fp=fopen("../config/$name.txt","r")){
        echo "未创建!<br>";
        }else{
        @$rst=fgets($fp,3000);    //读取
```

```
    $link=explode("|",$rst);
    for($i=0;$i<count($link);$i++)
        {
        if($i%2==0){
            $j=$i+1;
                if($link[$i]==$link_name){
                $link[$i]="";
                $link[$j]="";
                break;
                }
            }
        }
    //构造字符串
    for($i=0;$i<count($link);$i++)
        {
        if($link[$i]!=""){
                if($i==0){
                $str_in=$link[$i];
                }else{
                $str_in.="|".$link[$i];
                }
            }
        }
        //重新写入
    if($fp=fopen("../config/$name.txt","w")){
    fwrite($fp,$str_in);
    fclose($fp);
    }
    }
}
```

（3）注册用户博主管理功能的完成，核心的 PHP 代码如下：

```
//接收变量
$sta_say=$_POST["sta_say"];
$name="sta_say".$_SESSION["user_id"];
if($sta_say!=""){
    $sta_say=str_replace(" "," ",$sta_say);
        //写入文件
        if($fp=fopen("../config/$name.txt","w")){
        fwrite($fp,$sta_say);
        fclose($fp);
        }
}
//读出文件
if(@$fp=file("../config/$name.txt")){
for($i=0;$i<count($fp);$i++){
    $str_out.=$fp[$i];
    }
}
@include "../config/$name.inc";
```

（4）首页统计功能的实现，核心的 PHP 代码如下：

```php
$query = "select * from user_info where tag = '1' order by r_time desc";
$rst = $folie->excu($query);
while($info = mysql_fetch_array($rst)){
    //统计该用户博文的分类数量
$sql_t = "select count(id)as num from blog_type_info where user_id='$info[id]'";
    $rst_t = $folie->excu($sql_t);
    $info_t = mysql_fetch_array($rst_t,MYSQL_ASSOC);
    echo $info_t["num"]."类";
    //统计该用户博文的总数量
    $sql_b = "select count(id)as num from blog_info where user_id='$info[id]'";
    $rst_b = $folie->excu($sql_b);
    $info_b = mysql_fetch_array($rst_b,MYSQL_ASSOC);
    echo $info_b["num"]."篇";
    //统计该用户博文的评论总数量
    $sql_c = "select count(blog_comm_info.id)as num from blog_comm_info,blog_info
where blog_comm_info.blog_id=blog_info.id and blog_info.user_id='$info[id]'";
    $rst_c = $folie->excu($sql_c);
    $info_c = mysql_fetch_array($rst_c,MYSQL_ASSOC);
    echo $info_c["num"]."篇";
    //查询最新发布时间
    $sql_t = "select add_time from blog_info where blog_info.user_id='$info[id]'
order by add_time desc limit 0,1";
    $rst_t = $folie->excu($sql_t);
    $info_t = mysql_fetch_array($rst_t,MYSQL_ASSOC);
    echo substr($info_t["add_time"],5,14);
    //查询最新评论的时间
    $sql_l = "select blog_comm_info.add_time from blog_comm_info,blog_info where
blog_comm_info.blog_id=blog_info.id and blog_info.user_id='$info[id]' order by
blog_comm_info.add_time desc limit 0,1";
    $rst_l = $folie->excu($sql_l);
    $info_l = mysql_fetch_array($rst_l,MYSQL_ASSOC);
    echo substr($info_l["add_time"],5,14);
}
```

（5）登录验证码的实现。

具体编写参照例 8-23-showimg.php、8-23-login.html 和 8-23-check.php 文件。

（6）编写安装程序，根目录下 install.php，代码如下：

```php
<?php
include "inc/mysql.inc.php";
$aa=new mysql;
$bb=new mysql;
$aa->link("mysql");
$query="CREATE DATABASE `blog_db`";
if($aa->excu($query)){
  echo "数据库创建成功!<br>";
}
$bb->link("blog_db");
//创建表:manage_user_info//
$query="CREATE TABLE IF NOT EXISTS `manage_info`(
```

```
  `id` int(11)NOT NULL AUTO_INCREMENT,
  `manage_user` varchar(20)CHARACTER SET utf8 NOT NULL,
  `manage_pw` varchar(32)CHARACTER SET utf8 NOT NULL,
  `last_time` datetime DEFAULT '0000-00-00 00:00:00',
  UNIQUE KEY `id`(`id`)
)ENGINE=MyISAM  DEFAULT CHARSET=utf8 COLLATE=utf8_bin AUTO_INCREMENT=1";
$bb->excu($query);
echo "创建表:manage_info 成功!<br>";
//创建表:user_info//
$query="CREATE TABLE IF NOT EXISTS `user_info`(
  `id` int(11)NOT NULL AUTO_INCREMENT,
  `user_name` varchar(20)CHARACTER SET utf8 NOT NULL,
  `user_pw` varchar(32)CHARACTER SET utf8 NOT NULL,
  `nickname` varchar(32)CHARACTER SET utf8 NOT NULL,
  `stu_xh` varchar(32)CHARACTER SET utf8 NOT NULL,
  `true_name` varchar(32)COLLATE utf8_bin NOT NULL,
  `tag` char(2)CHARACTER SET utf8 DEFAULT '1',
  `r_time` datetime DEFAULT '0000-00-00 00:00:00',
  `last_time` datetime DEFAULT '0000-00-00 00:00:00',
  UNIQUE KEY `id`(`id`)
)ENGINE=MyISAM  DEFAULT CHARSET=utf8 COLLATE=utf8_bin AUTO_INCREMENT=1";
$bb->excu($query);
echo "创建表:user_info 成功!<br>";
//创建表:blog_type_info//
$query="CREATE TABLE IF NOT EXISTS `blog_type_info`(
  `id` int(11)NOT NULL AUTO_INCREMENT,
  `user_id` int(11)NOT NULL,
  `type_name` varchar(10)CHARACTER SET utf8 NOT NULL,
  `add_time` datetime DEFAULT '0000-00-00 00:00:00',
  `show_order` int(10)DEFAULT '0',
  UNIQUE KEY `id`(`id`)
)ENGINE=MyISAM  DEFAULT CHARSET=utf8 COLLATE=utf8_bin AUTO_INCREMENT=1";
$bb->excu($query);
echo "创建表:blog_type_info 成功!<br>";
//创建表:blog´info//
$query="CREATE TABLE IF NOT EXISTS `blog_info`(
  `id` int(11)NOT NULL AUTO_INCREMENT,
  `user_id` int(11)NOT NULL,
  `type_id` int(11)NOT NULL,
  `title` varchar(100)CHARACTER SET utf8 NOT NULL,
  `cont` text CHARACTER SET utf8 NOT NULL,
  `add_time` datetime DEFAULT '0000-00-00 00:00:00',
  UNIQUE KEY `id`(`id`)
)ENGINE=MyISAM  DEFAULT CHARSET=utf8 COLLATE=utf8_bin AUTO_INCREMENT=1";
$bb->excu($query);
echo "创建表:blog_info 成功!<br>";
//创建表:blog_comm_info//
$query="CREATE TABLE IF NOT EXISTS `blog_comm_info`(
  `id` int(11)NOT NULL AUTO_INCREMENT,
  `blog_id` int(11)DEFAULT '0',
  `comm_name` varchar(32)CHARACTER SET utf8 NOT NULL,
```

```
  `cont` text CHARACTER SET utf8 NOT NULL,
  `add_time` datetime DEFAULT '0000-00-00 00:00:00',
  UNIQUE KEY `id`(`id`)
)ENGINE=MyISAM DEFAULT CHARSET=utf8 COLLATE=utf8_bin AUTO_INCREMENT=1";
$bb->excu($query);
echo "创建表:blog_comm_info 成功!<br>";
//创建表:pic_info//
$query="CREATE TABLE IF NOT EXISTS `pic_info`(
  `id` int(11)NOT NULL AUTO_INCREMENT,
  `addr` varchar(32)CHARACTER SET utf8 NOT NULL,
  `tag` char(2)CHARACTER SET utf8 DEFAULT '1',
  `target` char(2)CHARACTER SET utf8 DEFAULT '0',
  `user_id` int(11)NOT NULL,
  UNIQUE KEY `id`(`id`)
)ENGINE=MyISAM  DEFAULT CHARSET=utf8 COLLATE=utf8_bin AUTO_INCREMENT=1";
$bb->excu($query);
echo "创建表:pic_info 成功!<br>";
//初始化管理员用户名和密码//
$query="INSERT   INTO  `manage_info`  VALUES(1,'admin','admin','0000-00-00
00:00:00')";
if($bb->excu($query)){
  echo "初始化管理员用户名和密码:admin,admin<br>";
}
echo "OK!";
?>
```

2．与同组的同学交换检查是否正确，若有错误写出错误原因。

略。

3．若还讨论了其他问题，请写出题目及讨论的结果。

略。

子项目九　系　统　测　试

9.3　协作学习

1．完成 9.2 中的任务，写出具体的完成情况。

测试的基本过程如下：

（1）用户注册。页面文件 register.php，表单填写不完整是否有错误提示，注册相同的用户名是否有错误提示。查看首页是否显示已经注册的用户信息。

（2）注册用户登录。页面文件 login.php，表单填写不完整是否有错误提示，用户名和密码错误是否有提示，用户名和密码正确是否可以跳转到管理页面。

（3）注册用户管理首页。单击右上角的"退出系统"链接是否能跳转到首页，再单击浏览器的"后退"按钮是否还能退回到注册用户管理首页。

（4）注册用户管理内容。包含常规设置、友情链接管理、图片管理、博主的话、日志分类、日志添加、日志管理、安全设置等，通过右侧菜单的"预览"链接，查看设置或添加、删除、修改的内容是否生效。

（5）超级管理员用户登录。页面文件 login_super.php，表单填写不完整是否有错误提示，用户名和密码错误是否有提示，用户名和密码正确是否可以跳转到管理页面。

（6）超级管理员用户管理首页。单击右上角的"注销"链接是否能跳转到首页，再单击浏览器的"后退"按钮是否还能退回到超级管理员用户管理首页。

（7）超级管理员用户管理内容。注册用户管理，设置某个用户的状态，查看是否还能登录，删除某个用户查看是否还可以登录；博文统计，查看统计的数据是否正确；安全设置，更改密码后查看是否还能登录。

（8）查看前台首页内容的显示是否与数据库中内容一致，用户搜索、日志分类查看、博文查看、博文评论、评论查看、日期日志查看等功能是否正常。

本多用户博客系统作为初学者案例教程，缺点也是显而易见的，如注册用户忘记密码无法找回、超级管理员的统计功能较弱、无导出报表等功能缺陷，界面缺乏动感等美工缺陷。这里就不再一一列举，同学们可以发挥自己的想象，设计并完善本多用户的博客系统。

2．若还讨论了其他问题，请写出题目及讨论的结果。

略。

参 考 文 献

［1］聂庆鹏，毛书朋. PHP+MySQL 动态网站开发与全程实例. 北京：清华大学出版社，2007.

［2］曹衍龙，赵斯思. PHP 网络编程技术与实例. 北京：人民邮电出版社，2007.

［3］赵景秀，毛书朋. 动态网站开发教程. 北京：清华大学出版社，2012.

［4］Luke Welling Laura Thomson. PHP 和 MySQLWeb 开发. 北京：机械工业出版社，2009.

［5］Matt Zandstra. 深入 PHP：面向对象、模式与实践. 北京：人民邮电出版社，2010.

［6］张兵义，吴燕军. 网站规划与网页设计. 北京：电子工业出版社，2009.

［7］丁月光. PHP+MySQL 动态网站开发. 北京：清华大学出版社，2008.

［8］梁胜民. 肖新峰，王占中. CSS+ XHTML+JavaScript 完全学习手册. 北京：清华大学出版社，2008.

［9］刘瑞新. PHP+MySQL+Dreamweaver 动态网站开发实例教程. 北京：机械工业出版社，2012.

［10］王彦辉. PHP+MySQL 动态网页技术教程. 辽宁：东软电子出版社，2013.